新装版
# 微分積分学入門 第一課

一松 信 著

近代科学社

- 本書の複製権・翻訳権・譲渡権は株式会社近代科学社が保有します．
- [JCOPY] 〈(社)出版者著作権管理機構 委託出版物〉
本書の無断複写は著作権法上での例外を除き禁じられています．
複写される場合は，そのつど事前に(社)出版者著作権管理機構
（電話 03-3513-6969，FAX 03-3513-6979，e-mail: info@jcopy.or.jp）の
許諾を得てください．

# はしがき

　微分積分学の教科書は，すでに数百種類が出版され，特色ある名著も少なくない．それにもかかわらず本書を書いた理由は，端的にいってこれまでの教科書が難しすぎたと思うからである．

　もちろんいくら工夫しても，専門の学問にはそれ自体の本質的な難しさがある．微分積分学についていえば，極限の概念などを中心とする理論的な難しさと，計算技術面の難しさとがある．ただこの両者はある程度切り離して扱うことができる．

　本書は高等学校の基礎解析(今回 1989 年の改訂では数学 II；微分積分入門の部分を除く)程度の予備知識の上にたって，微分積分学の入門第一課を扱った．元来は短大や，数学をそれほど必要としない大学の教養課程での教科書として企画したのだが，実質的には高等学校の教科書と思って下さってもよい．必要な予備知識は，ある程度現地調達の形でとり入れたが，そのために著しく流れを中断しそうな準備や，やや進んだ知識については，2〜4ページの囲み記事の形で別ページに載せる体裁をとった．

　構成にあたっては，第 I 部基礎理論と，第 II 部計算技法とを意図的に分けた．半分だけでも教科書として利用できる場合を想定したのと，両者の扱いに差があると考えたためである．もちろん私の真の意図は，両者を有機的に関連づけて学習することであるが，第 I 部はなるべく圧縮し，本当に必要最低限度と思う内容に

限定したつもりであるから，これが真の第一課であろう．第II部では多少たち入った内容にもふれた．だからこれは第二課かもしれない．

　入門書の性格を考え，第I部では直観を重んじ，自明のように思われる内容について詳しく説明することを避けた．「基礎理論」といっても，もちろん伝統的な極限の概念などではなく，あくまで微分積分学自体の第一課である．私の率直な意見をいうと，これまでの教科書は「極限の概念」を偏重しすぎているように思う．極端なたとえをいうと，登山には足腰をきたえる必要があるといって，階段を昇降する訓練に多大の日時を費やし，肝腎の山に行く時間が十分になくなっているような気がするのである．それよりも早く山に行って，実地の景色に接する方が大事ではないか？

　本書第I部の範囲では，「$h \to 0$ の極限」とは，分母から0になる項がなくなるように変形して，$h=0$ とおくことである，という方便で全部の話がすむ．第II部でも極限関係の話が真に必要なのは，極限値の存在に関連して，指数関数の微分可能性の個所だけである．これも指数関数・対数関数の導入法を変えれば，極限の理論は不要になり，私個人はその方を好む．しかしここは従前と今回の改訂での高等学校の教程をにらんだ上で，囲み記事の形で凸関数を利用する証明を解説することとした．

　第I部は全体として味もそっけもないと感じる読者が多いかもしれない．一つには私の年来の主張に従い，意図的に区分求積から始めたせいもある．これは「積分は微分の逆の演算」というのが，積分の定義ではなく，両者を結びつける定理（いわゆる微分

はしがき　iii

積分学の基本定理)であることを強調したかったためである．この証明に対しても，伝統的な形の平均値の定理は一言も述べず，本質的にそれと同値な「有限増分の定理」を活用するなど，若干の工夫を試みた．

　第I部の理論展開に不満な方も多いと思うが，囲み記事などの補充を付加すれば，伝統的なやり方とはかなり異質な方法であるものの，ともかく一応基本定理をごまかさずに正しく論じていることが理解していただけるものと思う．うるさい議論の好きな方には，それに適した教科書が多数あるが，それを微分・積分の先頭に出したくないというのが，私の意図だという次第である．

　第II部も実質的に高等学校の微分・積分(今回の改訂で数学III)の内容である．もちろん有理関数の不定積分を論じるため，逆三角関数に言及したりして，高等学校の指導要領を逸脱している部分が多い．関数・逆関数の一般論に言及したり，逆に微分方程式にふれなかったりしたのも，今回の改訂指導要領をにらんでの判断である．

　この部分では特に演習問題が不可欠だが，本書では基本的な少数に留めた．特にパラメータの値を変えただけの同じ類型問題を羅列することを避けた．本文中の少数の問題中には，本文の補充・典型例・誤りやすい点の注意などの意味をもつものが含まれている．私の好みで電卓による数値例をいくつか入れたが，参考資料と思って下さってよい．

　第II部では，微分積分の計算に必要な多項式代数の予備知識を重視した．近年の高等学校の課程では，これが姿を消しつつあるので，積分の準備として特に多項式代数の必要事項に一章をあて

た．有理関数の不定積分の計算法は，伝統的な部分分数分解でなく，近年計算機による数式処理で標準的な「エルミートの算法」によった．これをさらに進めれば，「リッシュの算法」に発展するが，その基礎理論はとうてい入門第一課で扱える範囲ではないので，若干の結果を引用するのに留めた．全体としてできるだけ「このときはこうしろ」といった公式丸暗記型でなく，計算技法の原理・根拠にも言及するようにつとめた．

　当初はさらにこのあと「高速自動微分法」と「数値積分入門」を論じる予定だったが，紙数の関係で割愛した．本書は本当の入門第一課であって何も書いてないという御批判は当然のことと思う．それを補う意味で，ひき続き入門第二課・第三課を執筆したいと考えている．さしあたって第二課の内容は，級数(特にテイラー級数)と微分方程式を中心とし，第三課は多変数関数の微分積分を扱う予定である．

　本書の内容は，微分積分学のどの教科書にもある共通部分の範囲をでていないが，取り扱い方が伝統的な方式とは大幅に違うので，難解な印象や不安を感じる点があるかもしれない．私の好みを出しすぎることをなるべく控えたつもりだが，議論の進め方について，建設的な御批判を期待している．

　私は20年近く前に，このような方針で「微分積分学入門」をサイエンス社から出版したが，現在読み直してみると，内容を慾ばりすぎ，程度が高すぎたのを後悔している．本書は旧著を参考にしながらも，今回の改訂指導要領や近年のマイコンの発展にみあう手直しをすると共に，内容をさらに精選した．

　本書の第Ｉ部の骨子というべき部分は，1988年に福武書店の

雑誌に5回にわたって連載した記事に肉付けしたものである．第II部の一部は，数式処理に関する講義中で扱ったこともある．しかし私自身は，高等学校の教科書執筆をしているものの，もう十数年間大学での微分積分学の講義から離れており，また近い将来にもそのような機会が与えられそうもないので，果して本書のような講義が成り立ちうるものか，また現在の学生ならびに先生方に理解して頂けるかどうか不安である．実用した方々の御意見をとり入れて，改良していくことができれば幸いである．

　終始お世話になった近代科学社の牧野未喜氏・蔵持信朗氏に感謝の詞をささげる．本書の約半分は，1988年秋中国西安市西安電子科技大学(旧西北電信工程学院)に講義出張中に執筆した．実はひき続き全部を書き上げる予定だったのだが，私の不注意で思わぬ大怪我をし，急遽帰国して残りは病床で執筆した次第である．このために多大の御迷惑をおかけした日中両国の関係者に対し，深いお詫びと，数多くの御好意に対する感謝の詞を合わせて述べたい．

　1988年暮

著者しるす

---

　本文中□は「証明終り」を意味する．証明がすでにすんでいる命題の終りについているときは，その命題の「主張終り」を意味する．

　特に定理の証明中に別の補助定理を述べたとき，その補助定理の証明終りの位置には，記号□をつけて区別した．

　各章末の演習問題中＊をつけたものは，程度の高いものや特殊な話題であって，とばしてもよいものを表す．

# 目　次

## 第 I 部　基 礎 理 論

### 第 1 章　面積を求めて　　　　　　　　　　　　　　　**3**
　1.1　面積とは何か　*3*
　1.2　しぼり出し法　*5*
　1.3　区分求積法　*11*
　第 1 章の演習問題　*13*

### 第 2 章　関数値の変化　　　　　　　　　　　　　　　**15**
　2.1　変化をとらえる　*15*
　2.2　微分係数　*18*
　2.3　導関数の例　*24*
　第 2 章の演習問題　*29*

### 第 3 章　微分と積分の逆関係　　　　　　　　　　　　**30**
　3.1　定積分の概念　*30*
　3.2　導関数の符号と関数値の増減　*35*
　3.3　微分積分学の基本定理　*40*
　3.4　不定積分　*44*
　第 3 章の演習問題　*46*

### 第 4 章　微分積分の応用　　　　　　　　　　　　　　**47**
　4.1　極値問題　*47*
　4.2　ニュートン法　*52*
　4.3　速度と加速度　*58*
　4.4　面積と体積　*63*

viii 目次

第4章の演習問題　*72*

# 第II部　計算技法

## 第5章　微分法の基本公式 …… **77**

5.1　関数の概念　*77*
5.2　積・商の微分の公式　*81*
5.3　合成関数とその微分の公式　*85*
5.4　逆関数とその微分の公式　*88*
第5章の演習問題　*92*

## 第6章　微分の計算 …… **96**

6.1　三角関数に関する極限　*96*
6.2　三角関数の微分　*101*
6.3　指数関数の微分　*108*
6.4　対数関数の微分　*115*
第6章の演習問題　*119*

## 第7章　積分の計算のための準備 …… **121**

7.1　多項式の除法　*121*
7.2　互除法の応用　*124*
7.3　無平方分解　*128*
7.4　逆微分としての積分の基本公式　*133*
第7章の演習問題　*136*

## 第8章　積分の計算 …… **138**

8.1　有理関数の不定積分　*138*
8.2　対数部分の処理　*142*
8.3　無理関数の積分例　*146*
8.4　初等超越関数の積分例　*151*
8.5　定積分の例　*157*
第8章の演習問題　*165*

## 演習問題略解 …… **167**

索 引 ……………………………………… **181**

---

$\sum k^2$ の公式　　9
いたるところ微分できない連続関数　　21
基本定理の証明　　37
凸関数　　64
中心差分と微分可能性　　94
曲線の長さ　　102
指数関数の微分可能性　　111
因数分解の算法　　131
スターリングの公式　　162

# 第Ⅰ部
# 基礎理論

# 第1章　面積を求めて

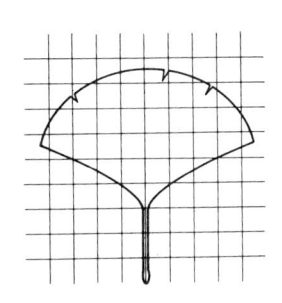

## 1.1　面積とは何か

　読者諸氏は小学校以来，いろいろな図形の面積の公式を習ってきたことと思う．たとえば

　　　　長方形の面積は　両辺の積．
　　　　三角形の面積は　底辺×高さ÷2．
　　　円の面積は　半径の2乗×円周率 $\pi$．

しかしこのような公式を何十と知ったところで，それは個々の

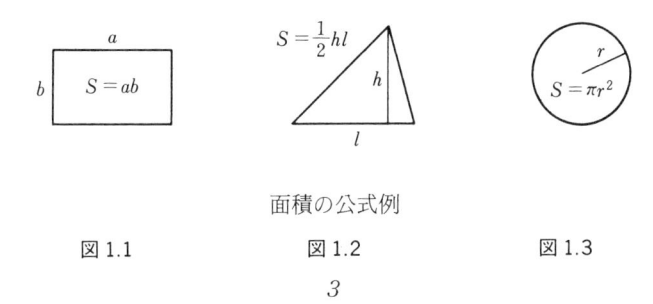

面積の公式例

図1.1　　　　　　図1.2　　　　　　図1.3

図形の面積に対する計算技法を論じているだけであり，「面積とは何か」という問題の解答になっていない．

カットのような複雑な図形の面積を近似的に求めるには，紙に書いて切り抜き，目方を量るような物理的方法が早いが，数学的には方眼をあてて，その中に入るます目と境界を含むます目の個数を数えるのがよい．これは，細かく切れば簡単な図形とみなすことができるから，それらを求めて集計すればよいという考え方である．

そのためには，**面積**とは平面図形の「広さ」を表す量といった漠然とした感覚を，もう少し精密にする必要がある．すなわちそれは平面図形 $A$ に対して定まるある実数量 $\mu(A)$ であり，次のような性質をもつものと了解してよいだろう．

1° $\mu(A) \geqq 0$.
2° $A$ と $B$ と合同ならば $\mu(A) = \mu(B)$.
3° $A$ と $B$ とに共通部分がなければ，$A$ と $B$ との合併(和集合) $C$ について
$$\mu(C) = \mu(A) + \mu(B) \quad \textbf{(加法性)}. \qquad (1)$$
4° 一辺が長さ 1 の正方形 $Q$ については $\mu(Q) = 1$.

実用上では 3° をさらに強くして

3″ $A$ と $B$ との共通部分が有限個の線または点のみならば，$A$ と $B$ との合併 $C$ について (1) が成立する．

としてよいだろう．面積とはこのような性質をもつ図形の「拡がり」を示す量である．これから $A$ が $B$ の部分集合なら $\mu(A) \leqq \mu(B)$ といった性質が導かれる．

**問 1.1** $A \subseteq B$ のとき $\mu(A) \leqq \mu(B)$ であることを示せ．

ところでいささか水をさすようだが，平面上のあらゆる集合 $A$ に対して，このような量 $\mu(A)$ を矛盾なく定義することは不可能であることが証明されている．

しかしこの議論は無意味ではない．「あらゆる」集合に対しては不可能だが，普通によく使う範囲の図形については，このような量 $\mu(A)$ が定義できる．近年の数学では面積 $\mu(A)$ を「定義」して論じる．しかしここでは普通の図形に対して，面積 $\mu(A)$ という量が先天的に与えられるものとして，それをいかにして計算するかという立場をとることにして先へ進む．その基本的な考え方は，細かく切って加えるという方式である．

## 1.2 しぼり出し法

ある意味で，今日の積分法の元祖のような考え方で面積を計算した最初の人は，古代ギリシャ文化圏のアルキメデス(紀元前3世紀)といわれている．彼の考え方をたどることはいろいろな意味でたいへんに興味深いが，以下では彼の考え方を現代流に直して，放物線 $y=x^2$ と $x=1$ および $x$ 軸とで囲まれた図形 $A$ の面積を求めてみよう．

閉区間 $[0, 1]$† を $n$ 等分する．**分点** $\dfrac{k}{n}$ ($k=0, 1, \cdots, n$) において縦線を引いて図形 $A$ を細かく分ける．分点 $\dfrac{k}{n}$ での高さは $\left(\dfrac{k}{n}\right)^2$ だから，それ全体の「平均」の高さは

---

† 閉区間 $\{x \mid a \leqq x \leqq b\}$ を $[a, b]$ で表す．本書では閉区間 $[a, b]$ 以外の区間の記号を使わない．

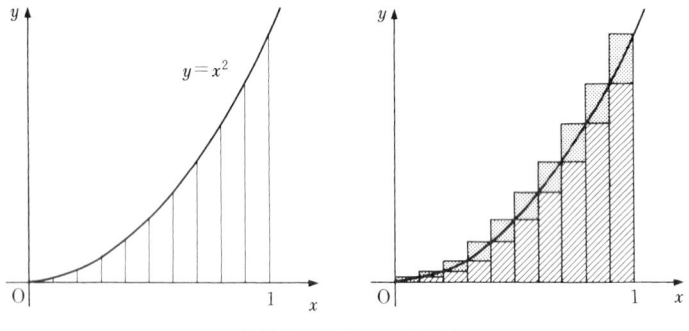

放物線で囲まれた図形

図 1.4　　　　　　　　図 1.5

$$\frac{1}{n}\left[\left(\frac{1}{n}\right)^2+\left(\frac{2}{n}\right)^2+\cdots+\left(\frac{k}{n}\right)^2+\cdots+\left(\frac{n}{n}\right)^2\right]$$
$$=\sum_{k=1}^{n}\frac{k^2}{n^3}=\frac{n(n+1)(2n+1)}{6n^3}$$
$$=\frac{1}{3}+\frac{1}{2n}+\frac{1}{6n^2} \tag{1}$$

である[†].

ここで $n$ を限りなく大きくすれば，(1)の右辺は $\frac{1}{3}$ に近づき，$\mu(A)=\frac{1}{3}$ である．

この議論はいささか乱暴である．しかし次のように考えれば合

---

[†] $\sum_{k=1}^{n}k^2$ の公式は既知と思うが，念のため別掲囲み記事(9ページ)で解説した．

理化できる．(1)は小区間 $\left[\dfrac{(k-1)}{n}, \dfrac{k}{n}\right]$ 上に高さ $\left(\dfrac{k}{n}\right)^2$ の細長い長方形をたてたものの和だから，それは $\mu(A)$ より大きい．他方，高さ $\left(\dfrac{k-1}{n}\right)^2$ の長方形をたてれば，それらは $A$ の内側に含まれるので，その面積の和

$$\frac{1}{n}\sum_{k=1}^{n-1}\left(\frac{k}{n}\right)^2 = \frac{n(n-1)(2n-1)}{6n^3}$$
$$= \frac{1}{3} - \frac{1}{2n} + \frac{1}{6n^2}$$

(2)

は $\mu(A)$ より小さい．ここで $n$ を大きくすれば，(1)，(2)の右辺は共に $\dfrac{1}{3}$ に近づく．しかも一方は $\dfrac{1}{3}$ より大きい方から，他方は小さい方から近づくので，$\mu(A)$ は $\dfrac{1}{3}$ 以外のいかなる値でもありえない．

 このような方法が**しぼり出し法**，あるいは**とりつくしの法**とよばれ，古代ギリシャ以来，面積や体積の計算に利用されてきた．その典型例はユークリッドの「原論第12巻」にある．ただしここで述べたのは，大幅に現代流に書き直した議論である．

 現在ではこのような計算は電卓やマイコンで容易にできるので，表 1.1 に数値例を示した．ただし(1)，(2)のままでは $\dfrac{1}{2n}$ という項があるため，$n$ をかなり大きくしないと，$\dfrac{1}{3}=0.33333\cdots$ に近づくとは思えない．(1)と(2)の平均をとれば，ずっと改良される（これは実は台形公式による数値積分である）．また小区間の

第1章 面積を求めて

**表1.1** 区分求積の数値例

| $n$ | （1） | （2） | $\dfrac{(1)+(2)}{2}$ | 中点(3) |
|---|---|---|---|---|
| 5 | 0.44 | 0.24 | 0.34 | 0.33 |
| 10 | 0.385 | 0.285 | 0.335 | 0.3325 |
| 20 | 0.35875 | 0.30875 | 0.33375 | 0.333125 |
| 50 | 0.3434 | 0.3234 | 0.3334 | 0.3333 |
| 100 | 0.33835 | 0.32835 | 0.33335 | 0.333325 |

中央の値を代表にとって

$$\frac{1}{n}\sum_{k=1}^{n}\left(\frac{2k-1}{2n}\right)^2 = \frac{1}{3} - \frac{1}{12n^2} \tag{3}$$

を作ればずっと改良される．表中に中点(3)と記したのは，これによった値である．

**問1.2** (1)と(2)との平均値はどういう意味をもつか．またこの場合それがつねに $\mu(A)$ よりも大きいのはなぜか．

**注意** $n$ を大きくしたとき $\dfrac{1}{n}$ が 0 に近づくというのは自明のようであるが，厳密にいうと次の「エウドクソス・アルキメデスの公理」を要する：

> 2つの正の数 $a, b$ があるとき，適当に正の整数 $n$ を大にとれば，$na > b$ となる．

これはいわば「塵も積れば山となる」という格言を定量的に表現した公理である．

この公理は「実数の連続性」を適当な形に表現したときには，それから証明できる．本書では極限の話を直観的に扱うことに徹するので，このような事実は既知として進むことにし，特に微妙な点を脚注などで注意するのに留める．

## $\sum k^2$ の公式

$\sum_{k=1}^{n} k^2 = \dfrac{n(n+1)(2n+1)}{6}$ という公式は，御存じと思う．結果がわかれば，$n$ に関する数学的帰納法でも証明できる．$f(n)=n^3$ あるいは $f(n)=n(n+1)(n+2)$ の差分(階差) $f(n)-f(n-1)$ の式を利用して証明するのが標準的とされている．

図形的な証明も多数知られているが，その一例を示す．立方体のブロック(たとえば角砂糖)をつないで，底面に $n^2$，その上に $(n-1)^2, \cdots$，一番上に $1^2$ 個を，1つの隅に合わせて正方形状に積む(図1.A は $n=4$ とした)．このような形の単位を 6 個作り，それらをうまく組み合わせると，ちょうど一辺が $n, n+1, 2n+1$ の直方体にぴったりはめこむことができる．図1.A は $n=4$ のとき，長さ $n$ の辺に垂直に切った切口での組合せを示した．同じ模様の部分が同一の単位に属するブロックである．これから

$$6\sum_{k=1}^{n} k^2 = n(n+1)(2n+1)$$

となり，冒頭の公式を得る．

同様の組合せは任意の $n$ について可能である．

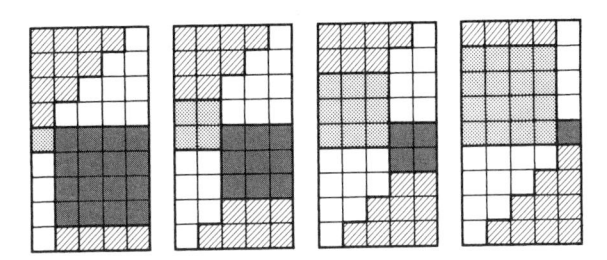

図1.A　ブロックの組合せ

なお $\sum_{k=1}^{n} k^3 = \dfrac{n^2(n+1)^2}{4}$ という公式には，次のような図形的証明が，中世のアラビア圏の本に載っている．図1.Bのように第 $j$ 行第 $k$ 列に積 $jk$ を並べた正方形を作る．これをまず横に足してから縦に足せば，$\left[\dfrac{n(n+1)}{2}\right]^2$ になる．他方，図の太線のようにL型に区切って足すと

| 1 | 2 | 3 | 4 | 5 |
|---|---|---|---|---|
| 2 | 4 | 6 | 8 | 10 |
| 3 | 6 | 9 | 12 | 15 |
| 4 | 8 | 12 | 16 | 20 |
| 5 | 10 | 15 | 20 | 25 |

図1.B

$$1+2+\cdots+(n-1)+n+(n-1)+\cdots+2+1=n^2$$

の関係により，順次の区画の和が $1^3, 2^3, 3^3, \cdots$ となる．全体の和は同一なので，これで証明された．

## 1.3 区分求積法

前節の考え方は，同様にしていろいろな量の計算に応用できる．他の例として角錐(すい) $A$ の体積 $V$ を計算してみよう．

角錐 $A$ の頂点を原点に，底面へ下ろした垂線を $x$ 軸にとり，高さを $h$, 底面積を $S$ とする．区間 $[0, h]$ を $n$ 等分し，各分点 $\dfrac{hk}{n}$ において $x$ 軸に垂直な面で $A$ を切った切口は，底面を $k : n$ に縮小した相似形であり，その面積は $S \cdot \left(\dfrac{k}{n}\right)^2$ である．各小区間 $\left[\dfrac{h(k-1)}{n}, \dfrac{hk}{n}\right]$ において，$\dfrac{hk}{n}$ での切口を底とする底面積が $S \cdot \left(\dfrac{k}{n}\right)^2$ の角柱を作れば，それらの合併は $A$ を含むから，体積の合計

$$\sum_{k=1}^{n} \frac{h}{n} S \cdot \left(\frac{k}{n}\right)^2 = hS\left(\frac{1}{3} + \frac{1}{2n} + \frac{1}{6n^2}\right) \qquad (1)$$

は $A$ の体積 $V$ より大きい．他方この区間において小さい方の

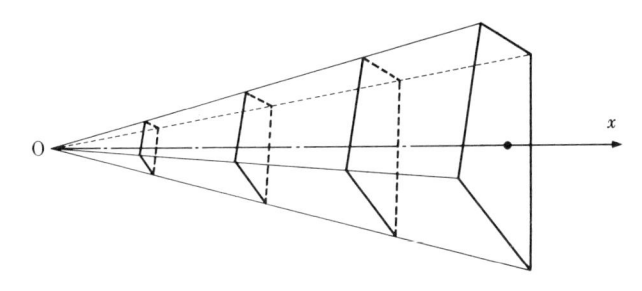

図1.6 角錐の体積

$\dfrac{h(k-1)}{n}$ での切口を底とする底面積 $S \cdot \left(\dfrac{k-1}{n}\right)^2$ の角柱を作れば,それらはすべて $A$ に含まれ,その体積の合計

$$\sum_{k=0}^{n-1} \dfrac{h}{n} S \cdot \left(\dfrac{k}{n}\right)^2 = hS\left(\dfrac{1}{3} - \dfrac{1}{2n} + \dfrac{1}{6n^2}\right) \tag{2}$$

は $V$ より小さい. $n$ を大きくすれば,(1),(2)の右辺のかっこ内は共に $\dfrac{1}{3}$ に近づき,しかも(1)は上から,(2)は下から近づく.ゆえに

$$V = \dfrac{hS}{3}$$

となり,おなじみの公式に達した.

次の**カバリエリの原理**も,このように細分して加える考え方で示すことができる.

---

> $a \leqq x \leqq b$ の範囲に 2 つの立体 $A, B$ があり,この範囲の任意の値 $t$ において,平面 $x = t$ で切った両者の切口の面積 $S(t), R(t)$ がつねに等しければ,$A, B$ の体積は等しい(厳密にいうと $S(t), R(t)$ が連続とか単調という条件がいる).

---

このように細かく切って足して,分割数を限りなく大きくしたときの極限値(それが近づく値)として面積や体積を求める方法を**区分求積法**という.これを一般的にしたものが第 3 章で扱う「定積分」である.

しかしこのような方法で面積や体積を求めるときに最大の問題

は，数列の和が簡単に計算できないことである．ここで扱った $1^2+2^2+\cdots+n^2$ などのように簡単な式で求められるのは，きわめて限られた場合だけである．

歴史的にいうと，このような考えから発展した積分法だけでは，その計算法で限界があった．ところがこれとは別に発達した微分法(次章で論じる)が，積分法と逆の演算であること(微分積分学の基本定理；第3章で論じる)がわかり，微分して当面の関数になるような関数(原始関数)がわかれば求積の計算がすぐにできることが発見されるにおよんで，有用な微分積分学が誕生したのである．

次章で改めて微分法を学ぶことにする．

**問 1.3** カバリエリの原理を区分求積法の立場から説明せよ．

## 第1章の演習問題

1. $y=x$ と $x$ 軸，$x=1$ とで囲まれる直角二等辺三角形の面積を区分求積法によって求めよ．
2. $\sum_{k=1}^{n} k^3 = \dfrac{n^2(n+1)^2}{4}$ を利用し，1.2節と同様にして，曲線 $y=x^3$ と $x$ 軸，$x=1$ とで囲まれる図形の面積を計算せよ(図1.7)．
3. 半径1の球の中心を原点に，1つの直径を $x$ 軸にとる．この球に外接する $x$ 軸方向(底面が $x$ 軸に垂直)の円柱を作る(図1.8)．
(ⅰ) $|t|\leq 1$ とするとき，平面 $x=t$ で切った円柱と球の間の部分の面積が $\pi t^2$ であることを示せ．
(ⅱ) 1.3節と同様にして，円柱と球の間の部分の体積を求めよ．
(ⅲ) (ⅰ)，(ⅱ)の結果を利用して半径1の球の体積を求めよ．

14　第1章　面積を求めて

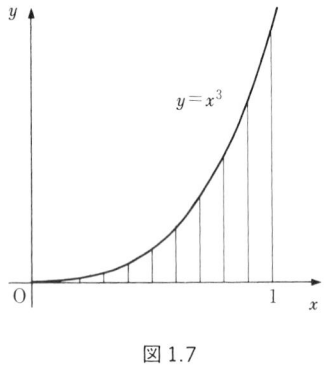

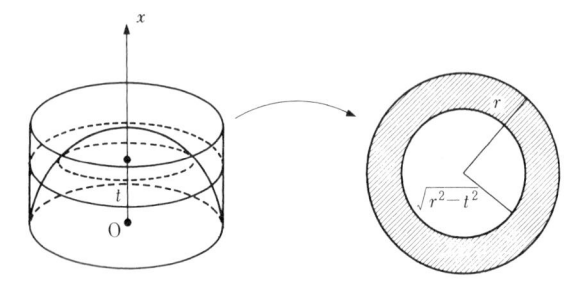

図 1.7

図 1.8　半球の体積

# 第2章　関数値の変化

写真提供　報知新聞社

## 2.1　変化をとらえる

　この頃テレビでの野球の中継の折に，よくピッチャーの投球速度時速142 km といった測定結果が画面に出ることがある．ボールがピッチャーからバッターまで飛ぶのはわずか数分の一秒間にすぎないが，この数字は「もしも同じ速度でボールが1時間飛んだとしたら，142 km 進むであろう」という意味である．秒速でなくて時速で表示するのは，測定器の都合らしい[†]．

　ところでボールは数分の一秒間の短い間でも，けっして一様な速度で動いているわけではない．しかしごく短い時間間隔をとれ

---

† この測定器は，運動する物体が反射する電波のドップラー効果に基づく装置である．元来は飛行機やミサイルの速度を測定する機械だったが，今では自動車の速度違反のチェックから台風時の風速の測定まで，多方面に活用されている．

ば，その間はほぼ一様の速度とみなしてよく，そのままの速度で飛び続けたと仮定したときの時速がわかる．これはどんな複雑な曲線でも，そのごく小部分をとれば直線の一部とみなすことができるはず，という考えに基づく[†]．

ボールの運動は複雑なので，落体の運動を例にとってもう少し説明しよう．ガリレイの実験によれば，落体の落下距離は，落ち始めてからの経過時間の2乗に比例する．つまり $t$ 秒間に $s$ メートル落ちたとすると，$k$ を比例定数として

$$s = kt^2 \qquad (1)$$

と表される．実際の落体では $k=4.9$ ほどだが，適当な斜面に重い玉をころがしたような場合として，$k=1$ とした状況が実現されたとしよう．そのとき $t$ と $s$，および $t-1$ 秒から $t$ 秒までに落下した距離にあたる $s$ の差 $\Delta s$ は表2.1のようになる．

表 2.1

| $t$ | 0 | 1 | 2 | 3 | 4 | 5 |
|---|---|---|---|---|---|---|
| $s$ | 0 | 1 | 4 | 9 | 16 | 25 |
| $\Delta s$ |  | 1 | 3 | 5 | 7 | 9 |

表2.1でわかるように1秒あたりの落下距離，すなわちその1秒間の平均速度は次第に増加する．この表からわかるのは，たとえば2秒後から3秒後までの1秒間の平均速度だが，2秒後における「瞬間的速度」とでもいうものを考えるには，次のようにすればよい．すなわち $t=2$ から $2.1$ まで $0.1$ 秒間を考えれば，その

---

[†] これがニュートン以来の微分法の基礎になる考え方である．近年になって，いわゆるフラクタルなどこの性質をもたない図形が正式に考えられるようになってきたが，それは当面の微分法とは別の世界の話である．

間の落下距離は
$$2.1^2 - 2^2 = (2.1+2)(2.1-2) = 4.1 \times 0.1 \quad \text{m}$$
であり,その間の平均速度は $4.1\,\text{m/sec}$ である. $t=2$ から $2.01$ までの $0.01$ 秒間の落下距離は
$$2.01^2 - 2^2 = (2.01+2)(2.01-2) = 4.01 \times 0.01 \quad \text{m}$$
である.落下距離そのものは小さくなるが,経過時間で割った平均速度はあまり変わらない.それは,$4\,\text{m/sec}$ に近づきそうである.実際 $t=2$ から $2+h$ ($h$ はごく小)までの落下距離は
$$(2+h)^2 - 2^2 = (2+h+2)(2+h-2) = (4+h) \times h \quad \text{m}$$
だから,平均速度はこれを $h$ で割った $4+h\,\text{m/sec}$ であり,$h$ を $0$ に近づければいくらでも $4$ に近づく. $h$ を $0$ にした極限である $4\,\text{m/sec}$ が,$t=2$ における**瞬間的速度**である.

関数の値の変化をとらえるには,もちろん全体として増加するとか,ある限界を越えないといった大域的性質が重要である.しかし増加しつつあるとか,ある点で最大に達したとかいう性質をみるためには,各点での瞬間的な変化率を考える必要がある.そ

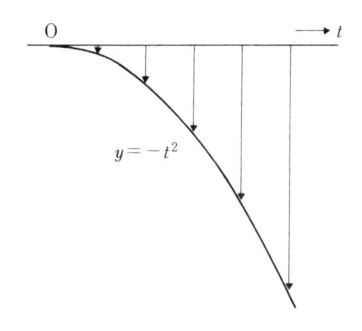

図 2.1 落下距離のグラフ

れを一般的に述べたのが，次に説明する微分係数の概念である．

**問 2.1** 前記の $s=t^2$ において，$t_0$ 秒後における瞬間的速度を求めよ．

## 2.2 微分係数

あらためて独立変数を $x$，従属変数を $y$ と表し，関数 $y=f(x)$ を考える．一般の関数の概念は第II部の冒頭で述べるが，さしあたって**関数**とは，$y=x^2$, $x^3-1$, $1/x$ $(x\neq0)$, $\sqrt{x}$ $(x\geq0)$ といったいろいろな式の総称と理解してよい．

ある点 $x_0$ とそれにごく近い $x_0+h$ とにおける関数値を
$$y_0=f(x_0), \quad y_0+k=f(x_0+h) \tag{1}$$
とおく．$x$ が $h$ だけ増えたとき（$h<0$ なら，$-h$ だけ減ったことになる），関数 $f$ の値は
$$k=f(x_0+h)-f(x_0) \tag{2}$$
だけ増える（これも $k<0$ なら，$-k$ だけ減る）．(2)を $x$ の変化量 $h$ で割った
$$\frac{k}{h}=\frac{f(x_0+h)-f(x_0)}{h} \tag{3}$$
は，$x_0$ と $x_0+h$ との間の $f(x)$ の「平均変化量」に相当する．しかし近年ではこの用語はあまり使われず，**差分商**という語を使うことが多いので，以下そうよぶ．

$h$ を限りなく 0 に近づけたとき，比 $k/h$ が一定の値 $\alpha$ にいくらでも近づくなら，$\alpha$ を $h\to0$ としたときの $k/h$ の**極限値**といって
$$\lim_{h\to0}\frac{k}{h}=\alpha \tag{4}$$

あるいは

$$\frac{k}{h} \to a \quad (h \to 0)$$

と表す.そして $a$ を関数 $f(x)$ の $x=x_0$ における**微分係数**といい,通例 $f'(x_0)$ で表す.また $f(x)$ は $x_0$ で**微分可能**という.

$$\lim_{h \to 0} \frac{f(x_0+h)-f(x_0)}{h} = f'(x_0) \qquad (5)$$

(5)が**微分係数の定義**だが,この式はいろいろな形に表現できる.特に $x_0+h=x$ として,$x$ が $x_0$ に限りなく近づく($x \to x_0$)ときの極限値の形

$$\lim_{x \to x_0} \frac{f(x)-f(x_0)}{x-x_0} = f'(x_0) \qquad (6)$$

をよく使う.

**注意1** 記号 lim はリーメス(ラテン語)あるいはリミット(英語)と読む.極限の概念は微分積分学の基礎であるが,当面の範囲では日常語として直観的に理解してよい.ただ「極限値が $a$ になる」という語は,誤解をまねきやすいので,なるべく「極限値 $a$ に近づく」という表現を使う.$h \to 0$ の極限値と $h=0$ とおいたときの値とは必ずしも同一でないが,第Ⅰ部で扱う範囲の式では,すべて差分商の式を変形して分母から $h$ の項をなくした上で,$h=0$ とおくことによって極限値を計算してよい.第6章において,それとは別の極限の求め方を要する例を解説する.

**注意2** 「微分可能」(微分できる)という条件は,関数に本来そなわった性質であって,学習者個人の能力に関係した条件ではない.本書で扱うような具体的な式で表される関数については,特別な点以外

は微分可能なので，特に必要以外の箇所で「微分可能」性を強調することはしない．いたるところ微分できない連続関数も存在するが，それについては別掲の囲み記事を参照されたい．

**注意3** $h \to 0$ といっても，必ずしも正の方から単調に減少して 0 に近づくとき，および負の方から単調に増加して 0 に近づくときだけでなく，正になったり負になったり，増えたり減ったりしながら，窮極的に 0 に近づくような場合をも含めて考える．しかし実際には，正の方からと負の方からと，それぞれ単調に 0 に近づく 2 つの場合のみを考え，両者の極限値が一致すれば十分である．

問題によっては $h>0$ あるいは $h<0$ とした片側のみの極限値が必要なこともある．特に定義域の端点における議論についてそうである．ただ当面その種の細かい議論は不必要なので，これ以上立ち入らない．必要な箇所でも直観的に扱う．

**例 2.1** $f(x)=x^2$. 前節で扱ったとおり
$$\frac{f(x_0+h)-f(x_0)}{h}=\frac{(x_0+h)^2-x_0^2}{h}=\frac{2hx_0+h^2}{h}=2x_0+h$$
であり，$h \to 0$ とすれば $2x_0$ に近づく．$f'(x_0)=2x_0$.

**例 2.2** $f(x)=x^3$. 同様に $(a+b)^3$ の展開公式を使って
$$\begin{aligned}\frac{f(x_0+h)-f(x_0)}{h}&=\frac{(x_0+h)^3-x_0^3}{h}\\&=\frac{3hx_0^2+3h^2x_0+h^3}{h}\\&=3x_0^2+3hx_0+h^2.\end{aligned}$$
$h \to 0$ とすれば $3x_0^2$ に近づく．$f'(x_0)=3x_0^2$.

**例 2.3** $f(x)=c$（定数）．このときは
$$\frac{f(x_0+h)-f(x_0)}{h}=\frac{c-c}{h}=0$$
であり，差分商はつねに 0 だが，これも $h \to 0$ の極限値は 0（初めから 0 だから，もちろんいくらでも近づく）と解釈して，$f'(x_0)=0$ としてよい．

**問 2.2** $a, b$ を定数として 1 次式 $f(x)=ax+b$ の $x_0$ における微分係数を求めよ．

## いたるところ微分できない連続関数

　本書で扱う関数は具体的に式で表されるものばかりなので，例外的な点以外では微分可能である．微分できない点の例として，左右の極限値がくい違う $y=|x|$ の $x=0$ がよくあげられる．実際 19 世紀中頃まで，たいていの数学者は「曲線をグラフに画いてみろ．接線が引ける」と思っていた．もっとも 19 世紀の前半にすでに $\sum_{n=1}^{\infty} 2^{-n}\sin(2^n x)$ で表される関数が，いたるところ微分できない連続関数であることが発表されていた．しかしそれは当時ほとんど注目されなかった．

　それだけにワイエルストラスが講義中に示し，デュ・ボア・レイモンがその許可を得て発表した次の例（1875 年）

$$\sum_{n=1}^{\infty} a^n \cos(b^n \pi x) \quad \left(0<a<1,\ b\text{ は奇数},\ ab>1+\frac{3\pi}{2}\right)$$

は大きなショックだった．しかしこの例は歴史的に有名だが，いたるところで微分できない連続関数であることの証明はそれほどやさしくない．この種の例では，クーパーの改良した（1954 年）

$$\sum_{n=1}^{\infty} n^{-2} \sin(n!\pi x)$$

や，筆者がサイエンス社の「微分積分学入門」（初版，1971 年）の付録にあげた

$$\sum_{n=1}^{\infty} 2^{-n} \sin(2^{1+2+\cdots+n}\pi x)$$

の方が，まだしも証明しやすい．

　これと別系統の例として，高木貞治の作った高木関数（1904 年）がある．ヨーロッパではファン・デア・ベルデンの関数（1931 年）とよぶことが多い．詳しい解説は略すが，それは $0\leq x\leq 1$ において次のような級数で定義される．

$$T(x)=\sum_{n=1}^{\infty}\frac{1}{2^n}\varphi_n(x).$$

ここに

$$\varphi_1(x)=\varphi(x)=\begin{cases}2x & (0\leq x\leq 1/2) \\ 2(1-x) & (1/2\leq x\leq 1)\end{cases}$$

$$\varphi_n(x)=\varphi_{n-1}(\varphi(x))\quad(\varphi \text{ を } n \text{ 回合成した関数})$$

である.

このようないたるところ微分できない連続関数は, 永らく「病的な人工物」と考えられていたが, ウィーナー(1924年)がブラウン運動のモデルに使ってから, 次第に「実用」価値がでてきた. とくに1980年以降は, フラクタルの典型例として, その方面との関連で, にわかに脚光をあびてきた感じである.

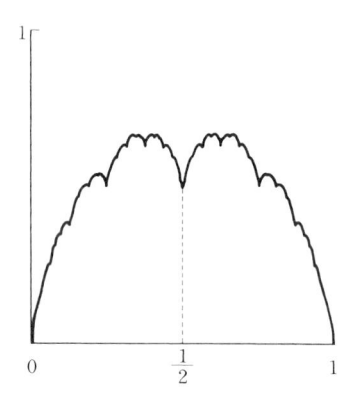

図 2.A 高木関数のグラフ

関数 $y=f(x)$ のグラフをかくと, $(x_0, y_0)$, $(x_0+h, y_0+k)$ はその上の 2 点 $P_0$, P を表し, 差分商(3)は両者を結ぶ直線 $P_0P$ の傾きを表す. $h \to 0$ のとき $k/h \to a$ ならば, 直線 $P_0P$ は, 点 $P_0(x_0, y_0)$ を通って傾き $a=f'(x_0)$ の直線

$$y = y_0 + f'(x_0)(x - x_0) \qquad (7)$$

に限りなく近づく. 直線(7)を点 $P_0$ における曲線 $y=f(x)$ の**接線**という. 微分係数 $f'(x_0)$ は,「接線の傾き」という図形的な意味をもつ.

もし定義域の各点で $f(x)$ がつねに微分可能ならば, 点 $x$ においてその点での微分係数 $f'(x)$ を $x$ に対応させると, 新しい関数ができる. これを $f(x)$ の**導関数**といい $f'(x)$ で表す. $y=f(x)$ とおいたときには

$$\frac{dy}{dx} = dy/dx, \quad \frac{df}{dx}(x), \quad \frac{d}{dx}f(x) \qquad (8)$$

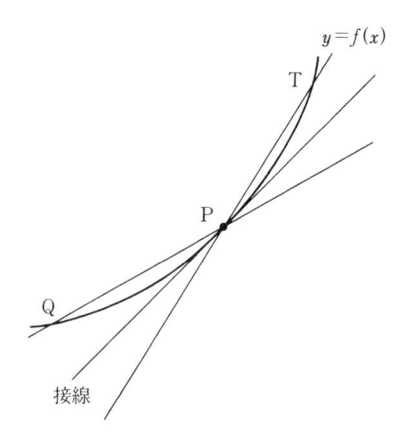

図 2.2 曲線と接線

という記号(ライプニッツによる)も使われる．変数 $x$ を明示するときには，記号(8)が便利である．微分係数や導関数を求めることを**微分する**という．

**注意 4** 微分係数と導関数とは，上述のような関係にある用語なので，本書ではなるべく使い分けるが，実際には(特にヨーロッパの諸国語で)かなり混用されて使われている．そして「微分係数」という語は次第に使われなくなっている．意味がわかれば，それほど目くじらをたてる必要はないと思う．

なお区間 $[a, b]$ の各点で $f(x)$ が微分可能のとき，$f(x)$ が「区間 $[a, b]$ で微分可能」ということが多いが，本書ではなるべく「の各点で」という言葉を略さずに記述する．

**問 2.3** $f(x)$ が $x_0$ において微分可能のとき，次のような差分商の $h \to 0$ とした極限値は $f'(x_0)$ によってどう表されるか．

（ⅰ）$\dfrac{f(x_0-h)-f(x_0)}{h}$ （ⅱ）$\dfrac{f(x_0+h)-f(x_0-h)}{2h}$

## 2.3 導関数の例

多くの関数の導関数は第 6 章で扱うが，有理関数および簡単な無理関数については定義から直接容易に計算できるので，その導関数の計算をしておく．

1° $n$ を正の整数として $x^n$ ——導関数は $nx^{n-1}$.

ここで**等比級数**の和の公式 ($a \neq b$ とする)

$$a^m + a^{m-1}b + \cdots + a^{m-k}b^k + \cdots + ab^{m-1} + b^m = \frac{a^{m+1} - b^{m+1}}{a-b}$$

は既知とする．この式は左辺に $a$ を掛けた式と $b$ を掛けた式とを作って引けば，ただちに示すことができる．

ここで $m = n-1$, $a = x+h$, $b = x$ とすると

$$\frac{(x+h)^n-x^n}{(x+h)-x}=\frac{(x+h)^n-x^n}{h}=\sum_{k=0}^{n-1}(x+h)^{n-1-k}x^k \quad (1)$$

となる．$h\to 0$ とすれば，$x+h\to x$ となり，右辺は $x^{n-1}$ を $n$ 個加えた式に近づくから，合計して $nx^{n-1}$ である．したがって次のようになる：

$$\lim_{h\to 0}\frac{(x+h)^n-x^n}{h}=nx^{n-1}.\ \square^{\dagger} \quad (2)$$

前節で述べた $(x^2)'=2x$, $(x^3)'=3x^2$ などは，この特別な場合とみてよい．また $n=0$ のときには $x^0=1$ であり，定数の微分が $0$ という結果もこれに含まれる．

2°　$n$ を正の整数として $\dfrac{1}{x^n}$ $(x\neq 0)$ ——導関数は $-\dfrac{n}{x^{n+1}}$．

まず $n=1$ にあたる $\dfrac{1}{x}$ について試みる．導関数の定義にしたがって差分商を作り

$$\frac{1}{h}\left[\frac{1}{x+h}-\frac{1}{x}\right]=\frac{x-(x+h)}{h(x+h)x}=\frac{-h}{h(x+h)x}=\frac{-1}{(x+h)x}$$

と変形すると，$h\to 0$ のとき $x+h\to x$ となるので，右辺は $-\dfrac{1}{x^2}$ に近づく．すなわち $\left(\dfrac{1}{x}\right)'=-\dfrac{1}{x^2}$ である．

一般の $n$ のときも同様である．差分商を変形して

$$\frac{1}{h}\left[\frac{1}{(x+h)^n}-\frac{1}{x^n}\right]=\frac{-1}{(x+h)^n x^n}\cdot\frac{(x+h)^n-x^n}{h} \quad (3)$$

---

† $\square$ は証明終りの記号である．通例この式を出すには，$(x+h)^n$ を二項定理で展開するか，または 5.2 節で述べる積の微分の公式による．このようにしたのは，かなりよく知られた等比級数の公式だけですませ，わざわざ二項定理などを論じるのを避けたためである．

とする.$h \to 0$ のとき(3)の右辺の第 1 項は,$x+h \to x$ なので $-\dfrac{1}{x^{2n}}$ に近づく.第 2 項は 1° で述べたように $nx^{n-1}$ に近づく.ゆえに全体は両者の積である

$$-\frac{1}{x^{2n}} \cdot nx^{n-1} = \frac{-n}{x^{n+1}}$$

に近づき,これが $\left(\dfrac{1}{x^n}\right)'$ である.□

ここで $\dfrac{1}{x^n} = x^{-n}$, $\dfrac{-n}{x^{n+1}} = -nx^{-n-1}$ と解釈すれば,これは

$$f(x) = x^n \text{ のとき } f'(x) = nx^{n-1} \qquad (4)$$

という公式が,正の整数 $n$ だけでなく,負の整数についても成立することを示すものである.

3° $f(x) = \sqrt{x}$, $(x>0)$ ——導関数は $\dfrac{1}{2\sqrt{x}}$.

多少技巧的だが,$a>0$ のとき $a = (\sqrt{a})^2$, $(a+b)(a-b) = a^2 - b^2$ により,次のように変形する:

$$\frac{\sqrt{x+h} - \sqrt{x}}{h} = \frac{\sqrt{x+h} - \sqrt{x}}{(x+h) - x} = \frac{1}{\sqrt{x+h} + \sqrt{x}}.$$

ここで $h \to 0$ とすると,$\sqrt{x+h} \to \sqrt{x}$ であって,右辺は $\dfrac{1}{2\sqrt{x}}$ に近づく.□

$\sqrt{x} = x^{\frac{1}{2}}$, $\dfrac{1}{2\sqrt{x}} = \left(\dfrac{1}{2}\right)x^{-\frac{1}{2}}$ と解釈すれば,これは(4)が $n = \dfrac{1}{2}$ という分数指数でも成立することを意味する——じつは第 6 章で

図 2.3 平方根関数

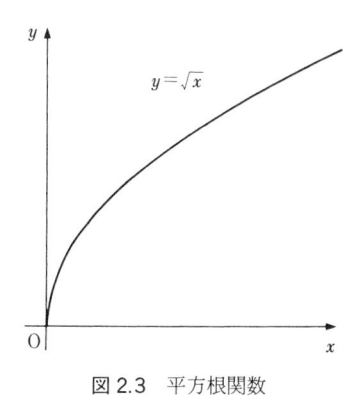

示すように，この公式は $n$ が任意の実数のとき成立する．

**注意** 関数 $f(x)=\sqrt{x}$ は $x=0$ では微分可能でない．この関数は $x>0$ でしか定義されていないから，$x=0$ では正の方からの極限値しか考えられないが，$f(0)=0$ なので差分商

$$\frac{f(h)-f(0)}{h}=\frac{\sqrt{h}}{h}=\frac{1}{\sqrt{h}}$$

は $h\to 0$ のとき限りなく大きくなり(これを $\dfrac{1}{\sqrt{h}}\to +\infty$ と表す)，どのような有限の極限値にも近づかない．$(0,0)$ での接線は存在して $x=0$ ($y$ 軸)であるが，それは縦軸に平行でその傾きが $\infty$ である．このような場合には「微分可能」とはよばない．

微分の計算を実行するのに，いちいち定義にたちもどらなくても，いくつかの基本公式を組み合わせて，ここに述べたような典型的な関数の導関数から計算するのが普通である．次の加法・減法・定数倍の公式は容易に証明できるが，ほぼ自明だろう．

28  第2章 関数値の変化

$$[f(x)+g(x)]' = f'(x)+g'(x),$$
$$[f(x)-g(x)]' = f'(x)-g'(x),$$
$c$ が定数のとき  $[cf(x)]' = cf'(x).$

乗法・除法(積・商)の微分法の公式は重要だが，第5章で解説する．

**例 2.4**  $(x^2+3x)' = 2x+3,\ \left(\dfrac{1}{x}-\dfrac{1}{x^2}\right)' = -\dfrac{1}{x^2}+\dfrac{2}{x^3}.$

次の公式はある意味で合成関数の微分の特別な場合だが，直接に証明できるし，実用上便利なのであげておく．

---

$$\frac{\mathrm{d}f(ax+b)}{\mathrm{d}x} = a\cdot f'(ax+b)$$

右辺は $\dfrac{\mathrm{d}f}{\mathrm{d}x}=f'$ に $(ax+b)$ を代入した式である．

---

**証明**  $a=0$ なら定数でその導関数は 0 なので $0=0$ として成立する．以下 $a\neq 0$ とする．

$$\frac{f(a(x+h)+b)-f(ax+b)}{h}$$
$$=\frac{ah}{h}\cdot\frac{f(ax+ah+b)-f(ax+b)}{ah}.$$

$ah=k$ とおけば，$h\to 0$ は $k\to 0$ と同じで，この式は

$$a\cdot\frac{f(ax+b+k)-f(ax+b)}{k}$$

となる．ここで $a$ を除いた部分の $k\to 0$ の極限値は $f$ の $ax+b$ での微分係数 $f'(ax+b)$ に等しい．□

**例 2.5**  $\dfrac{\mathrm{d}(2x+1)^2}{\mathrm{d}x} = 2\cdot 2(2x+1) = 4(2x+1),$

$$\frac{d}{dx} \cdot \frac{1}{3x-1} = \frac{3}{-(3x-1)^2}.$$

**問 2.4** 次の関数を微分せよ．

(i) $(x-1)^2$ (ii) $x+\dfrac{1}{x}$ (iii) $\sqrt{x+3}$

### 第2章の演習問題

1. 次の関数を微分せよ．

   (i) $2x^3+3x+1$ (ii) $(x+1)^3$ (iii) $x^2-\dfrac{1}{x^2}$

   (iv) $\dfrac{2}{x+3}$ (v) $\sqrt{2x-3}$

2. 放物線 $y=x^2$ 上の一点 $(a, a^2)$ での接線の方程式を求めよ．それが $y=x^2$ と $y-a^2=m(x-a)$ との連立方程式が二重解をもつとして定まる条件と同一であることを示せ．

3. 放物線 $y=x^2-\dfrac{1}{4}$ に対し，次の問に答えよ．

   (i) 原点を通る直線 $y=mx$ との交点（2個ある）での接線の方程式を求めよ．

   (ii) 上記の両接線の交点を求めよ．それらは全体としてどのような図形をなすか．

*4. 2.3節のような方法を工夫して次の関数の導関数を求めよ．

   (i) $y=x^{\frac{1}{3}}$ (ii) $y=x^{\frac{3}{2}}$ ($x \geq 0$)

*5. 2次方程式 $f(x)=ax^2+bx+c=0$ について，これが重複解をもつための必要十分条件は，$f(x)=0$ と $f'(x)=0$ とが共通解をもつことであることを示せ．

# 第3章 微分と積分の逆関係

両極より

## 3.1 定積分の概念

 第1章で区分求積を論じた．しかしそこで扱ったように，区間を $n$ 等分して $n$ を大きくしていくのは，実用計算には便利でも，理論上では融通がきかなくてかえって不便である．そこで以下では等分にこだわらず，区間 $[a, b]$ を自由に

$$\Delta : a = a_0 < a_1 < \cdots < a_{n-1} < a_n = b \qquad (1)$$

と分割するものとする．$\Delta$ を**分割**といい，中間の点 $a_i$ を**分点**とよぶ．小区間の幅の最大，つまり $a_1 - a_0, \cdots, a_n - a_{n-1}$ の最大値を $m(\Delta)$ で表して**最大幅**とよぶ．そして $m(\Delta)$ を小さくする極限を考える．

 区間 $[a, b]$ で定義された関数 $f(x)$ を有界とし，また多くの場合連続であってかつ単調増加(または単調減少)であると仮定する．$f(x)$ を**被積分関数**という．分割(1)に対して各小区間 $[a_{i-1}, a_i]$ での $f(x)$ の最小値を $\alpha_i$，最大値を $\beta_i$ とし[†](脚注次ページ)

3.1 定積分の概念　*31*

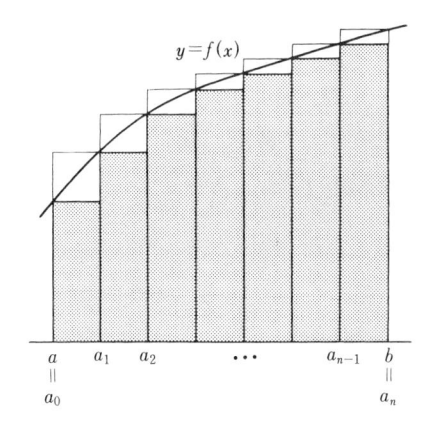

図 3.1　上下の積和

$$\underline{S}(f;\varDelta)=\sum_{i=1}^{n}\alpha_i(a_i-a_{i-1}),\ \overline{S}(f;\varDelta)=\sum_{i=1}^{n}\beta_i(a_i-a_{i-1})\quad(2)$$

をそれぞれ**下の積和**,**上の積和**という(**不足和**,**過剰和**という用語もある).

(1)の分割 $\varDelta$ にさらに分点を追加した分割 $\varDelta'$ を $\varDelta$ の**細分**という. $\varDelta$ を細分 $\varDelta'$ にかえれば,下の積和は増加し,上の積和は減少する.

つねに $\underline{S}(f;\varDelta)\leqq\overline{S}(f;\varDelta)$ だが,もしも最大幅 $m(\varDelta)$ を限りなく小さくしたとき,両者がこの中間にある同一の値 $S$ に限りなく近づけば,$S$ を $f(x)$ の $a$ から $b$ までの**定積分**といって

$$S=\int_a^b f(x)\mathrm{d}x \tag{3}$$

---

† 数学的に厳密にいうと,それぞれ下限,上限だが,実用上では最小値,最大値と思ってよい. $f(x)$ が連続なら,実際に最小値,最大値となる.

で表す．またそのとき $f(x)$ は**積分可能**という．特に $f(x)>0$ のとき，$S$ の値が $x=a$, $x=b$, $x$ 軸および $y=f(x)$ で囲まれる部分の**面積**を表すことは，第 1 章での議論と同様にしてわかる（数学的にはこれが「面積」の定義である）．

**注意 1** (3)の記号中 $\int$ は和を表す $S$ をひきのばしたものであり，$\mathrm{d}x$ は微小区間を象徴する．変数が定まっているときには単に $\int f$ でわかるが，$\mathrm{d}x$ をつけておくと便利なことが多い．また(3)の右辺の変数 $x$ は $a_1+\cdots+a_n=\sum_{k=1}^{n}a_k$ といったときの和の添字 $k$ と同様に，最後の式には残らない記号であるから，他とまぎれない限り，どういう変数の文字を書いてもよい．すなわち定積分は 1 つの数であって，(3)は

$$S=\int_a^b f(t)\mathrm{d}t$$

と書いても同じである．このように必要に応じて積分変数を他の文字に書き換えることがある．

上記の定積分の定義から，次のような性質が容易にわかる．

1° $f(x) \geqq g(x)$ ならば $\int_a^b f(x)\mathrm{d}x \geqq \int_a^b g(x)\mathrm{d}x$.

2° $\int_a^b [f(x)+g(x)]\mathrm{d}x = \int_a^b f(x)\mathrm{d}x + \int_a^b g(x)\mathrm{d}x$,

$\int_a^b [f(x)-g(x)]\mathrm{d}x = \int_a^b f(x)\mathrm{d}x - \int_a^b g(x)\mathrm{d}x$.

3° $c$ が定数のとき $\int_a^b cf(x)\mathrm{d}x = c\int_a^b f(x)\mathrm{d}x$.

4° $\int_a^b 1\,\mathrm{d}x = b-a$.

5° $\int_a^b f(x)\mathrm{d}x = \int_a^c f(x)\mathrm{d}x + \int_c^b f(x)\mathrm{d}x$ （区間に対する加法性）．

ただし 5° が任意の順序の $a, b, c$ について成立するようにする

ために

$$a>b \text{ のとき} \int_a^b f(x)\mathrm{d}x = -\int_b^a f(x)\mathrm{d}x,$$

また

$$\int_a^a f(x)\mathrm{d}x = 0$$

と約束する．

これらの公式では積分可能性を仮定している．たとえば 2° の最初の式は

> $f(x), g(x)$ が積分可能なら，$f(x)+g(x)$ も積分可能で，その定積分は $f(x), g(x)$ の定積分の和である．

という意味の内容を述べている．

**問 3.1** $\left|\int_a^b f(x)\mathrm{d}x\right| \leq \int_a^b |f(x)|\mathrm{d}x$ を示せ．

**注意 2** 1°～4° については，区間を等分した極限として定積分を定義しても証明できるが，5° の区間に対する加法性の証明は，等分に固執すると難しい．一般の分割まで考えれば，$a<c<b$ のときつねに $c$ を分点に加えた分割に限定してもよいことに注意してすぐに示すことができる．もっとも定積分が面積を表すことから，直観的にはほぼ明らかだろう．

積分可能性については，次の定理が有用である．

> **定理 3.1** 関数 $f(x)$ が単調増加ならば積分可能である．

**証明** $f(x)$ が単調増加ならば，小区間 $[a_{i-1}, a_i]$ での最小値は左端の値 $f(a_{i-1})$，最大値は右端の値 $f(a_i)$ である．したがって

上下の積和の差は

$$\overline{S}(f;\varDelta)-\underline{S}(f;\varDelta)=\sum_{i=1}^{n}[f(a_i)-f(a_{i-1})](a_i-a_{i-1}) \quad (4)$$

である．区間の最大幅を $h=m(\varDelta)$ とすれば，$a_i-a_{i-1}\leq h$ だから，(4)は

$$h\sum_{i=1}^{n}[f(a_i)-f(a_{i-1})]=h[f(b)-f(a)] \quad (5)$$

を越えない．$f(b)-f(a)$ は定数だから，$h\to 0$ とすれば(5)は，したがって(4)もいくらでも小さくなる．そして分割 $\varDelta$ を細分すれば，下の積和は増加，上の積和は減少するから，区間 $[\underline{S}(f;\varDelta), \overline{S}(f;\varDelta)]$ は内部に含まれていくらでも小さくなり，共通の1つの値 $S$ に縮む(明示しなかったが，いわゆる「区間縮小法の原理」)．ゆえに上下の積和は共通の極限値 $S$ に近づく．□

$f(x)$ が単調減少のときも，同様にして積分可能である．

したがって実用上では適当に区間を分割して，各区間で $f(x)$ が単調増加か単調減少であるようにすれば，たいていの場合積分可能として扱うことができる．

**問 3.2** $f(x)$ が，ある定数 $L$ に対して，任意の2点 $u,v$ で $|f(u)-f(v)|\leq L|u-v|$ をみたすとき，**リプシッツ条件**をみたすという．$f(x)$ がリプシッツ条件をみたせば，積分可能であることを証明せよ[†]．

---

[†] $f(x)$ が閉区間 $[a,b]$ で連続(一様連続)ならば積分可能である．しかしこの定理の証明には，かなりの準備がいるし，実用上では単調な場合とリプシッツ条件が成立する場合だけで十分と思う．

## 3.2 導関数の符号と関数値の増減

定義域の区間内で，$u \leq v$ ならばつねに $f(u) \leq f(v)$ である関数 $f$ を**単調増加**とよぶ．そのときには区間内に $x$ を固定したとき，$h>0$ でも $h<0$ でも

$$\frac{f(x+h)-f(x)}{h} \geq 0 \qquad (1)$$

であるから，$f(x)$ が微分可能ならば $h \to 0$ とした(1)の極限値である $f'(x)$ も $\geq 0$ である．

では逆に $f'(x) \geq 0$ ならば $f(x)$ は単調増加だろうか？

まず $f'(x)>0$ と仮定しよう．このときはどこでも増加しているのだから，当然 $u<v$ なら $f(u)<f(v)$ であろう．これが基本的な定理である．

しかしこの定理を厳密に証明することは容易でない．それは導

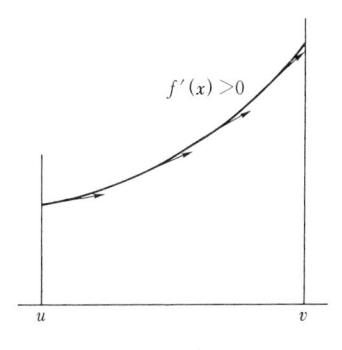

図 3.2 増加関数

関数の符号という各点の近傍の局所的な性質から，区間における増加といった大域的な性質を導かなければならないためである．念のために別掲囲み記事(37ページ)の形で，この定理の証明を与えておいた．以下で重要なのは，その証明よりも，この事実そのものである．

この基本定理を認めれば，次のようにして $f'(x) \geq 0$ のとき単調増加であることがわかる．

> **定理 3.2** 区間の各点において $f'(x) \geq 0$ ならば，そのうちの $u \leq v$ である2点 $u, v$ に対して $f(u) \leq f(v)$ である．

**証明** $u < v$ としてよい．定数 $\alpha > 0$ とし，$g(x) = f(x) + \alpha x$ とおけば

$$g'(x) = f'(x) + \alpha > 0$$

だから，上述の基本定理により $g(x)$ は増加であって，$g(u) < g(v)$ である．これは

$$f(u) < f(v) + \alpha(v - u) \tag{2}$$

を意味する．もし $f(u) > f(v)$ ならば，$\alpha$ を十分小にとると(2)が成立しなくなる．したがって $f(u) \leq f(v)$ である．□

**注意** このように等号をつけておけば，$u \leq v$ のとき $f(u) \leq f(v)$ であるための必要十分条件が $f'(x) \geq 0$ であることとなる．等号をつけないと，$u < v$ のとき $f(u) < f(v)$ であるために，$f'(x) > 0$ は十分条件だが，必要条件ではない．たとえば $-1 \leq x \leq 1$ で $f(x) = x^3$ は狭義の増加：$u < v$ なら $f(u) < f(v)$ だが，$f'(x) = 3x^2$ は，$x \neq 0$ では真に正であるものの，$x = 0$ で 0 である(39ページ図3.3)．

## 基本定理の証明

> **定理** 区間の各点で $f'(x)>0$ ならば, $f(x)$ は増加である. すなわち区間内の $u<v$ である2点に対して $f(u)<f(v)$ である.

**証明** もし $f(u)\geq f(v)$ であったと仮定し, $(u, f(u))$ と $(v, f(v))$ とを結ぶ直線の表す関数を $g(x)$ とする. $g(x)$ は単調減少であり, 具体的には

$$g(x)=f(u)+\frac{x-u}{v-u}[f(v)-f(u)]$$

と表される. $g'(x)=\frac{f(v)-f(u)}{v-u}\leq 0$ だから $f(x)$ と $g(x)$ とが一致することはない. 実際 $u<s$ で $s$ を $u$ にごく近くとれば, $\frac{f(s)-f(u)}{s-u}$ は正である $f'(u)$ に十分近いから正であり, したがって $f(s)>f(u)\geq g(s)$ である. 同様に $t<v$ で $t$ を $v$ にごく近くとれば, $f(t)<f(v)\leq g(t)$ である. $s<t$ としてよい.

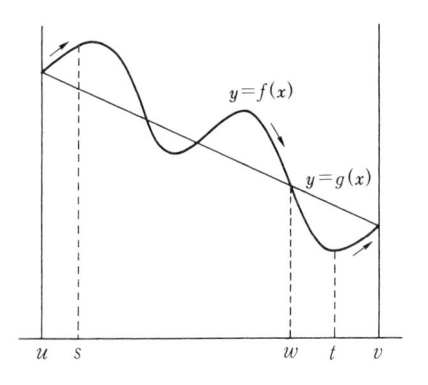

図 3.A 背理法による基本定理の証明

両者の差 $f(x)-g(x)$ は連続であり，$s$ で正，$t$ で負だから，どこかで 0 になる．0 になる点がいくつもあれば，そのうち最大な点[†]をとって $w$ とする．この定義から $f(w)=g(w)$ であり，$w<x<t$ においては $f(x)<g(x)$ である．したがって $h>0$ を十分小にとれば，$w+h<t$ であって
$$f(w+h)<g(w+h)\leqq g(w)=f(w),$$
$$\frac{f(w+h)-f(w)}{h}<0$$
を得る．ここで $h\to 0$ とすればその極限値 $f'(w)$ は $\leqq 0$ である．0 になるかもしれないが，正にはなりえない．これは各点で $f'(x)>0$（したがって $f'(w)>0$）とした仮定に反する．これは $f(u)\geqq f(v)$ とした仮定が誤っていたことを意味するので，この場合 $f(u)<f(v)$ である．□

---

[†] 最大な点が存在するかと気にする人のために一言する．このとき $\{u \mid f(x)-g(x)=0, \ s\leqq x\leqq t\}$ は「有界な閉集合」であり，その中で最大値をとる点が必ず存在する．

3.2 導関数の符号と関数値の増減

> **系 1 (有限増分の定理)** $\alpha, \beta$ を定数とする．区間の各点で $\alpha \leq f'(x) \leq \beta$ ならば，区間内の任意の相異なる 2 点 $u, v$ に対して
> $$\alpha \leq \frac{f(v)-f(u)}{v-u} \leq \beta \qquad (3)$$
> である．

**証明** $u<v$ としてよい．$g(x)=f(x)-\alpha x$ は $g'(x)=f'(x)-\alpha \geq 0$ をみたすから $g(u) \leq g(v)$ であり，これは
$$f(v)-f(u) \geq \alpha(v-u)$$
を意味する．正である $v-u$ で割れば (3) の左側の不等式を得る．同様に $h(x)=\beta x-f(x)$, $h'(x)=\beta-f'(x) \geq 0$ に対して $h(u) \leq h(v)$ を書き換えれば，(3) の右側の不等式を得る．□

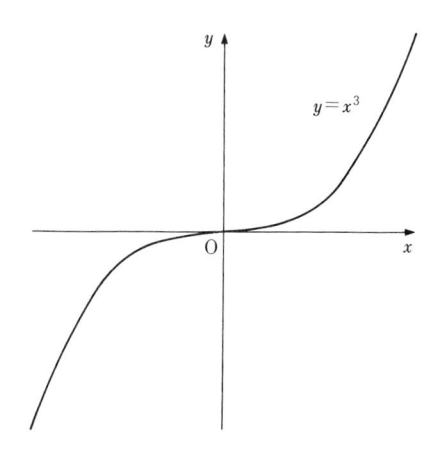

図 3.3 $f'(x) \geq 0$ でも狭義の増加な関数

逆に(3)が成立すれば，その極限値として $a \leq f'(x) \leq \beta$ が成立する．

> **系2** 区間の各点で $f'(x)=0$ なら $f(x)$ は定数である．

**証明** $f'(x)=0$ を $f'(x) \geq 0$ かつ $-f'(x) \geq 0$ と解釈すれば，$u<v$ のとき $f(u) \leq f(v)$ かつ $-f(u) \leq -f(v)$ である．これは $f(u)=f(v)$，すなわち $f(x)$ が一定値であることを意味する．□

**問 3.3** $f(x)$ が区間 $[a, b]$ で微分可能で，導関数が有界 $|f'(x)| \leq L$ ならば，$f(x)$ はリプシッツ条件：$|f(u)-f(v)| \leq L|u-v|$ をみたすことを証明せよ．（したがって $f(x)$ が微分可能で，導関数が有界なら，$f(x)$ は積分可能である．）

## 3.3 微分積分学の基本定理

微分法と積分法が互いに逆の演算であることは，ごく大ざっぱにいうと，次のように考えてわかる．

被積分関数 $f(x)$ が $F(x)$ の導関数：$F'(x)=f(x)$ とする．3.1節の分割(1)に対する上下の積和は

$$\sum_{i=1}^{n} f(x_i)(a_i - a_{i-1}) = \sum_{i=1}^{n} F'(x_i)(a_i - a_{i-1}) \tag{1}$$

の形である．ここに $x_i$ は小区間 $[a_{i-1}, a_i]$ 中のある1点である．区間がごく小さければ，$F'(x_i)$ は平均変化率 $\dfrac{F(a_i)-F(a_{i-1})}{a_i - a_{i-1}}$ にごく近いだろう．すなわち分割を細かくすると(1)は

$$\sum_{i=1}^{n} [F(a_i)-F(a_{i-1})] \frac{a_i - a_{i-1}}{a_i - a_{i-1}} = \sum_{i=1}^{n} [F(a_i)-F(a_{i-1})]$$
$$= F(b)-F(a) \tag{2}$$

に近づく．これは次の事実を物語っている[†]．

> **定理3.3** $F(x)$ の導関数 $f(x)$ が有界で積分可能ならば，$f(x)$ の定積分は
> $$\int_a^b f(x)\mathrm{d}x = F(b) - F(a) \qquad (3)$$
> で与えられる．(3)の右辺を通常 $\left. F(x) \right|_a^b$ と略記する．

$F'(x) = f(x)$ となる $F(x)$ を $f(x)$ の**原始関数**という[††]．$f(x)$ の原始関数は1つとは限らない．たとえば $x^2$ も $x^2 - 3$ も $2x$ の原始関数である．しかし前節定理3.2系2により，0の原始関数は定数に限るので，同一の $f(x)$ の2つの原始関数 $F_1(x), F_2(x)$ の差は定数である．ゆえに $F_1(b) - F_1(a) = F_2(b) - F_2(a)$ であって，(3)の右辺は原始関数のとり方に無関係に一定値である．

本節冒頭の証明は，感じを述べただけでいささか不十分だが，有限増分の定理を活用すれば，次のようにこの論法を合理化して正しく証明できる．

**証明** $f(x)$ の小区間 $[a_{i-1}, a_i]$ での最小値を $\alpha_i$，最大値を $\beta_i$ とすれば

$$a_{i-1} \leq x \leq a_i \text{ で } \alpha_i \leq F'(x) \leq \beta_i$$

---

[†] 物理学者ファインマンの解説による．少し後にこれを厳密に裏づけた証明を与える．

[††] 近年は原始関数という語が使われなくなり，不定積分とよぶのが通例である．しかし「不定積分」（次節参照）と「原始関数」とは本来別の概念なので，その関係を明示するまで，両者を区別して使う．

だから，有限増分の定理により，区間の両端について
$$\alpha_i \leq \frac{F(a_i)-F(a_{i-1})}{a_i-a_{i-1}} \leq \beta_i$$
である．したがって次の評価を得る：

$$\underline{S}(f;\Delta) = \sum_{i=1}^{n} \alpha_i(a_i-a_{i-1})$$
$$\leq \sum_{i=1}^{n}[F(a_i)-F(a_{i-1})] = F(b)-F(a)$$
$$\leq \sum_{i=1}^{n} \beta_i(a_i-a_{i-1}) = \overline{S}(f;\Delta). \qquad (4)$$

区間の最大幅 $m(\Delta)$ を小さくすれば，(4)の両端は共通の極限値
$$S = \int_a^b f(x)\mathrm{d}x$$
に近づき，それは(4)の両端の中間にある定数 $F(b)-F(a)$ に等しい．これは(3)を意味する．□

 以上は微分の積分がもとへもどるという命題だが，逆に積分の

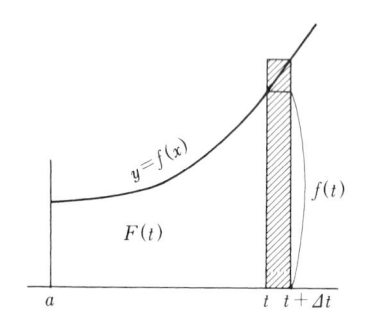

図 3.4　積分の微分

3.3 微分積分学の基本定理

微分がもとへもどることも,次の形で証明できる.

**定理 3.4** 区間 $[a, b]$ で $f(x)$ が連続で積分可能なとき[†], $a \leq t < b$ として小区間 $[a, t]$ での定積分を, $t$ の関数として

$$F(t) = \int_a^t f(x) \mathrm{d}x \qquad (5)$$

とおくと, $F(t)$ は $t$ の関数として微分可能で, $F'(t) = f(t)$ となる.

**証明** $h > 0$ を十分小にとり $t + h < b$ とする. 区間の加法性により

$$F(t+h) - F(t) = \int_t^{t+h} f(x) \mathrm{d}x \qquad (6)$$

である. $f(x)$ が連続ならば, 小区間 $[t, t+h]$ での $f(x)$ の最小値 $\alpha$, 最大値 $\beta$ は共に $f(t)$ にごく近く, しかも $h \to 0$ とすれば両者とも $f(t)$ に近づく. 区間 $[t, t+h]$ で $\alpha \leq f(x) \leq \beta$ なので

$$\alpha h = \int_t^{t+h} \alpha \, \mathrm{d}x \leq \int_t^{t+h} f(x) \mathrm{d}x \leq \int_t^{t+h} \beta \, \mathrm{d}x = \beta h$$

であり, (6)を $h$ で割った値は $\alpha$ と $\beta$ との間にある. ここで $h \to 0$ とすれば

$$\frac{F(t+h) - F(t)}{h} \to f(t) \qquad (h \to 0) \qquad (7)$$

である. $h < 0$ のときにも同様に区間 $[t+h, t]$ での $f(x)$ の最小値 $\alpha$, 最大値 $\beta$ について同様の議論が成り立ち, (7)が成立する.

---

[†] 連続関数は積分可能であるが,定理に余分な条件があってもさしつかえないと思う.

ゆえに $h$ の正負にかかわらず(7)の左辺の極限値 $F'(t)$ があり，$F'(t)=f(t)$ である．□

以上の二定理 3.3 と 3.4 とを合わせて，「**微分積分学の基本定理**」という．

**問 3.4** 定理 3.4 で積分区間の左端を動かして $G(t)=\int_t^b f(t)\mathrm{d}t$ としたとき，$G'(t)$ はどう表されるか．

## 3.4 不定積分

微分積分学の基本定理により，$f(x)$ が連続（で積分可能）なら
$$F(x)=\int_a^x f(t)\mathrm{d}t \tag{1}$$
を $x$ の関数と考えたとき，それが $f(x)$ の1つの原始関数である．他の原始関数はそれに定数を加えたものであり，(1)は $F(a)=0$ と標準化した原始関数である．なお(1)では $x$ を積分区間の右端の記号に使ったので，積分変数を $t$ と書き換えた．

この(1)式に相当する関数を通例単に
$$\int f(x)\mathrm{d}x \qquad (x \text{ の関数}) \tag{2}$$
と書いて $f(x)$ の**不定積分**という．ただし記号(2)は，通例定数の差を無視した関数の族の意味に使うので，1つの特定の原始関数 $F(x)$ については
$$\int f(x)\mathrm{d}x = F(x)+C, \qquad C \text{ は定数} \tag{3}$$
と記すのが正しい．$C$ を**積分定数**という．たとえば
$$\int x\,\mathrm{d}x = \frac{x^2}{2}+C$$

である．積分の計算にあたって，具体的な関数には積分定数をつけておくのが正しい．ただし第8章で実際の計算をする途中に，いちいち $+C$ を書くのはわずらわしいので，それを省略することが多いのに注意する．

$f(x)$ が連続(で積分可能)ならば，その原始関数は $f(x)$ の不定積分で与えられ，不定積分は原始関数である．その意味において(逆微分としての)原始関数と，(定積分を区間の関数とみた)不定積分という，本来相異なる2つの概念を混同してさしつかえない．本書でも以後「原始関数」という用語をなるべく使わないことにする．

原始関数を求める逆微分の計算を**積分する**という．定積分の計算も，3.1節の定義のように切って足す必要はなく，$f(x)$ を積分して(原始関数) $F(x)$ を求めれば，区間の両端での値の差

$$\int_a^b f(x)\mathrm{d}x = F(b) - F(a)$$

としてただちに計算できる．

2.3節の結果から，次のような積分に関する公式を得る．

---

$n$ が正の整数のとき

$$\int x^n \mathrm{d}x = \frac{x^{n+1}}{n+1} + C$$

$$\int \frac{1}{x^n} \mathrm{d}x = -\frac{1}{(n-1)x^{n-1}} + C \quad (n \neq 1)$$

$$\int \frac{1}{\sqrt{x}} \mathrm{d}x = 2\sqrt{x} + C.$$

特に1.2節の議論も，ここまでくれば

$$\int_0^1 x^2\,dx = \frac{x^3}{3}\Big|_0^1 = \frac{1}{3}$$

という計算にすぎない．

さらに多くの関数の微分・積分に関する具体的な計算は第II部で論じる．

**問 3.5** 次の関数を積分せよ．

（i） $x-1$ （ii） $x^3$ （iii） $-\dfrac{1}{x^2}$

### 第3章の演習問題

*1. 3.1節の5°——定積分の区間に対する加法性——を証明せよ．

2. $f(x)=-\dfrac{1}{x}$ は $f'(x)=\dfrac{1}{x^2}>0$ をみたすのに，なぜ $f(1)<f(-1)$ なのか．

3. 次の定積分を，逆微分として計算せよ．

（i） $\displaystyle\int_1^2 (x-1)dx$ （ii） $\displaystyle\int_0^1 x^3\,dx$ （iii） $\displaystyle\int_{\frac{1}{2}}^1 \frac{1}{x^2}\,dx$

*4. $f(x)=|x|$ の原始関数を求めよ．

# 第4章　微分積分の応用

微分積分の応用は広いが，ここまでの範囲で計算がきれいにできる例はあまり多くない．ここではごく標準的な実例に留める．なお，微分積分のもっとも重要な応用は微分方程式だが，これは改めて第二課で扱うことにする．

## 4.1　極値問題

**極値問題**とはある範囲で定義された関数の最大値・最小値を求める問題の総称であり，実用上古代から研究されてきた．

実数の区間 $[a, b]$ で微分可能な関数 $f(x)$ が対象ならば，極値問題には微分法が有用である．3.2節で論じたとおり，$f(x)$ の増減と導関数 $f'(x)$ の符号とが密接に関連しているのを応用する．

**例 4.1**　一辺 18 cm の正方形の紙の四隅から同じ大きさの正方形を切りとり，これを折って，ふたのない箱を作る．その箱の体積を最大にするにはどう切ればよいか．また最大体積はいくらか．ただしのりしろは考えなくてよい．

**解**　切りとる正方形の一辺を $x$ cm とすると，箱の底面は一辺が

## 48　第4章　微分積分の応用

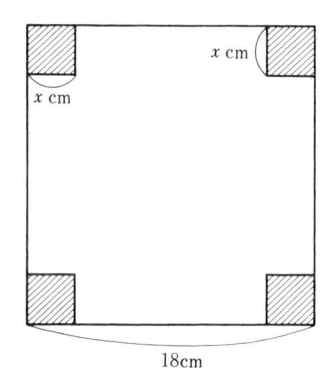

図4.1　箱の問題

$(18-2x)$cm の正方形で高さは $x$ cm だから, 体積は
$$f(x)=(18-2x)^2 x$$
$$=4(81x-18x^2+x^3) \quad \text{cm}^3$$
である. $x$ の変域は $0<x<9$ だが, 便宜上 $f(x)=0$ となる両端も加える. さて
$$f'(x)=4(81-36x+3x^2)$$
$$=12(x-3)(x-9)$$
である. $0\le x<3$ では $f'(x)>0$ なので $f(x)$ は増加し, $3<x<9$ では $f'(x)<0$ なので $f(x)$ は減少する. ゆえに $x=3$ のとき $f(x)$ は最大となる. 最大値は $f(3)=432$ cm³ である.

一般に $x=c$ の近くの各点 $x$ においてつねに
$$f(x) \le f(c) \tag{1}$$
であるとき $f(x)$ は $x=c$ で**極大**になるといい, $x=c$ での値 $f(c)$ を**極大値**という. もし $x\ne c$ では $f(x)<f(c)$ ならば, **真の極大**という. (1)を $f(x)\ge f(c)$ と修正したとき, $x=c$ で**極小**になるという. 極小値・真の極小も, 極大の場合にならって定義す

る．例 4.1 の関数 $f(x)$ は $x=3$ で真の極大になる．

$f(x)$ が $x=c$ で微分可能であって，そこで極大になるなら，差分商の左側からの極限は $\geqq 0$，右側からの極限は $\leqq 0$ であり，合わせて

$$f'(c)=0 \qquad (2)$$

でなければならない．$f(x)$ が $x=c$ で極小のときにも，同じ結論 (2) を得る．極大も極小も同じ条件 (2) とは奇怪？などと不思議がることはない．(2) は単なる**必要条件**にすぎないのだし，$f(x)=x^3$ の $x=0$（前章図 3.3）のように，極大でも極小でもない場合さえあるのである．

しかし $f(x)$ が区間 $[a, b]$ で微分可能ならば，その極大・極小の**候補**はすべて (2) をみたすから，(2) をみたす値 $x=c$ を検討するのが有力な方法である．理論上では $f'(x)=0$ を解いて得た点

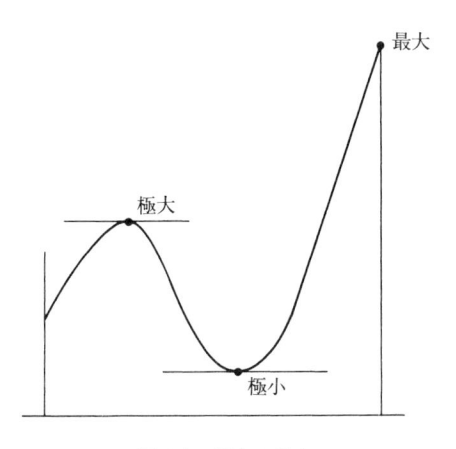

図 4.2 極大と最大

$x=c$ での値と，必要に応じて変域の両端の値 $f(a), f(b)$ を比較して，区間 $[a, b]$ での $f(x)$ の**最大・最小**を求めることができる．

**注意** 「理論上」といったのは，方程式 $f'(x)=0$ をどのようにして解くか，またその解が全部で1兆個もあったとき，どのようにして個別に吟味するかといった，具体的な算法や手間を無視した議論，という意味である．

**問 4.1** 例 4.1 の問題でもとの紙が一辺 16 cm，他の辺が 10 cm の長方形のとき，箱の体積を最大にするにはどう切りとればよいか．

ところで実際問題に現れる極大・極小は，もっと限定された型のものである．関数 $f(x)$ が $x=c$ を内部に含む小区間 $[u, v]$ ($u<c<v$) において

$$u \leq x \leq c \text{ なら単調増加, } c \leq x \leq v \text{ なら単調減少} \quad (3)$$

をみたせば，もちろん $x=c$ は $f(x)$ の極大である．このとき $x=c$ を**単峰極大**[†](たんぽうきょくだい)とよぶことにする．もし $f(x)$ が区間 $[u, v]$ の各点で微分可能ならば，これは

$u \leq x \leq c$ において $f'(x) \geq 0$, $c \leq x \leq v$ において $f'(x) \leq 0$

（したがって当然 $f'(c)=0$） (4)

と同値である．条件(4)を通例，「$f'(x)$ の符号が $x=c$ において正から負に変わる」と表現する．そのとき $x=c$ は $f(x)$ の単峰極大である．単峰極小も同様である．

例 4.1 も単峰極大である．微分積分学の初歩に現れる極値問題の多くは，単峰極大（または極小）である．ただし単峰極大[小]は，実用上好都合な極大[小]の**十分条件**の1つにすぎないこと

---

[†] 標準的な術語はないので，仮にこうよぶ．私は以前から実用的に普遍的なこの種の極大に何か名をつけるとよいと思っていた．単峠といった人もあるが，単峰の方が適切に思う．

4.1 極値問題   *51*

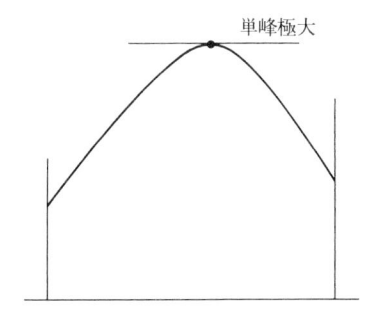

単峰極大

図 4.3　単峰極大

を忘れてはいけない．

**例 4.2**　$x>0$ において $f(x)=x+\dfrac{1}{x}$．$f'(x)=1-\dfrac{1}{x^2}$ であり，$0<x<1$ のとき負，$x>1$ のとき正，$f'(1)=0$ なので，$x=1$ は単峰極小である．同時に $x=1$ での値 $f(1)=2$ は，$x>0$ 全体での**最小値**である．これは積が一定な正の2数 $a,b$ の和が，$a=b$ のとき最小になることを表す．

**例 4.3**　少し複雑な例をあげる．辺の長さの合計が 40 cm，表面積の合計が 56 cm² である直方体の体積の最大を求めよ．

**解**　三辺を $a,b,c$(cm)とすれば，条件は
$$a+b+c=\frac{40}{4}=10$$
$$ab+bc+ca=\frac{56}{2}=28$$
の下で，体積 $V=abc$ を最大にすることである．$c=x$ を変数にとると，条件は
$$a+b=10-x,\quad 0<x<10;$$
$$ab=28-(a+b)x=28-10x+x^2$$
$$=(x-5)^2+3>0$$
であるが，$a$ と $b$ の間に関係

$$0 \leq (a-b)^2 = (a+b)^2 - 4ab = (10-x)^2 - 4(28-10x+x^2)$$
$$= -(3x^2 - 20x + 12) = -(x-6)(3x-2)$$

が必要なので，$\frac{2}{3} \leq x \leq 6$ の範囲で $f(x) = abx = x^3 - 10x^2 + 28x$ の最大値を求めればよい．$f'(x) = 3x^2 - 20x + 28 = (x-2)(3x-14)$ である．$f(x)$ の値の変化は，次の表 4.1 のようになる．

**表 4.1** $f(x)$ の増減表

| $x$ | $\frac{2}{3}$ | | 2 | | $\frac{14}{3}$ | | 6 |
|---|---|---|---|---|---|---|---|
| $f'(x)$ | | + | 0 | − | 0 | + | |
| $f(x)$ | | 増 | 極大 | 減 | 極小 | 増 | |
| | | | 24 | | $\frac{392}{27}$ | | 24 |

$x=2$ のときは $a+b=8$, $ab=12$. したがって $a, b$ は 2 と 6 とである．

$x=6$ のときは $a+b=4$, $ab=4$. したがって $a=b=2$.

両者とも三辺が 6, 2, 2 (cm) である同一の直方体を表し，その体積は 24 cm³ である．これが所要の最大である．

なおこの問題は多変数関数の条件付き極値問題としても扱うことができる．これは第三課で論じる予定である．

**問 4.2** 和が一定な 2 つの正の数の積が最大になるのは，両者が相等しい場合であることを，微分法を活用して証明せよ．

## 4.2 ニュートン法

**ニュートン法**は**ニュートン・ラフソン法**ともよばれる．元来は3次方程式の数値解法として発案された方法だが，現在では微分可能な $f(x)$ が 0 になる値を計算する方法として広く使われている．その解釈も多数あるし，近似計算打切り規則も，コーシー以来カントロビッチのもっとも一般な定理まで，予想外に多くの数

ニュートン法の原理は，$f(x)$ が $x=a$ で微分可能なとき，$a$ の近くで $a$ での**接線**

$$y=f(a)+f'(a)(x-a) \quad (1)$$

で，$y=f(x)$ が十分によく近似できることに基づく．$|f(a)|$ が十分に小さく，$x=a$ の近くに $f(\xi)=0$ となる点 $\xi$ があるとすれば，$f(x)$ を (1) の右辺で近似し，それを 0 とおいた方程式を $x$ について解いた値

$$x=a-\frac{f(a)}{f'(a)} \quad (2)$$

が，$\xi$ のよい近似値であろう．これを反復すれば，$\xi$ に近づくよい近似値を得るだろう．

ニュートン法のもっと一般な形の収束性や反復打切りの判定には，もう少し微分積分学の知識を進めてからの方がよい．ここで

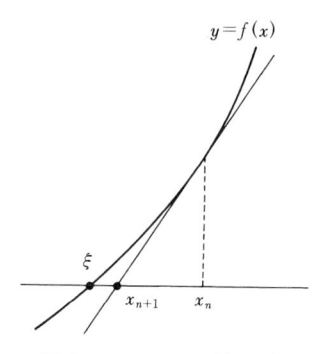

図 4.4 ニュートン法の原理

## 54　第4章　微分積分の応用

は特別な例について，直接に少し調べてみる．

**例 4.4　平方根．** $a>0$ を定数として $f(x)=x^2-a=0$ の正の解が平方根 $\sqrt{a}$ である．このとき(2)は，現在の値 $a$ から次の近似値 $b$ を求める式

$$b = a - \frac{f(a)}{f'(a)}$$
$$= a - \frac{a^2 - a}{2a}$$
$$= \frac{1}{2}\left(a + \frac{a}{a}\right) \qquad (3)$$

になる．$a>0$ とするとき，$\sqrt{a}$ は $a$ と $\dfrac{a}{a}$ との相乗平均であるが，それを相加平均で代用したのが式(3)である．したがって計算に誤差が入らなければ，$b \geq \sqrt{a}$ である．

したがって初期値 $x_0$ が正なら，たとえ $x_0 < \sqrt{a}$ であっても，ニュートン法の反復

$$x_{k+1} = \frac{1}{2}\left(x_k + \frac{a}{x_k}\right), \quad k=0, 1, 2, \cdots \qquad (3')$$

を適用したとき $x_1 \geq \sqrt{a}$ となる．そこで以後 $x_0 > \sqrt{a}$ としよう．このとき $x_k > \sqrt{a}$ なら

$$\sqrt{a} \leq x_{k+1} = x_k - \frac{x_k^2 - a}{2x_k} < x_k$$

であり，確かに $x_{k+1}$ は $x_k$ よりも $\sqrt{a}$ に近い．しかも

$$x_{k+1} - \sqrt{a} = \frac{x_k^2 - 2\sqrt{a}\, x_k + a}{2x_k}$$
$$= \frac{(x_k - \sqrt{a})^2}{2x_k} \qquad (4)$$

である．$\sqrt{a}$ より小さくならない減少列 $\{x_k\}$ は，ある値 $\xi$ に近づき[†]，その値は

---

[†] 本書では明示しなかったが，これは「実数の連続性」の1つの表現である．

$$\xi - \sqrt{a} = \frac{(\xi - \sqrt{a})^2}{2\xi}$$

の解, すなわち $\xi = \sqrt{a}$ である. そして $x_k$ の誤差 $\varepsilon_k = x_k - \sqrt{a}$ は, (4) から

$$\varepsilon_{k+1} = \frac{\varepsilon_k^2}{2x_k} \fallingdotseq \frac{\varepsilon_k^2}{2\sqrt{a}}$$

をみたす. すなわち最終段階では次回の誤差が現在のほぼ2乗の割合で減少する. このような近づき方を **2乗収束** という.

平方根の場合には, 初期値が正である限り, 計算誤差がなければ必ず逐次反復列は $\sqrt{a}$ に近づくが, 実際の計算では $\sqrt{a}$ に近い初期値から始めるのがよい. 参考までに, いくつかの $a$ に対する計算例を表4.2に示す.

**問 4.3** 平方根をニュートン反復で近似するとき, もし負の初期値から始めたらどうなるか.

**例 4.5** 立方根. $\sqrt[3]{a}$ は $x^3 - a = 0$ の解であり, 平方根と同様にニュートン法で計算できるが, これを次のように変型した方がよい.

$$f(x) = x^2 - \frac{a}{x} = 0 \qquad (5)$$

の解として $a$ の立方根を求める. このとき $f'(x) = 2x + \dfrac{a}{x^2}$ であり

表 4.2 平方根の例

| $a$ | 0.5 | 2 | $\pi = 3.14159265$ | 10 |
|---|---|---|---|---|
| $x_0$ | 1 | 2 | 2 | 4 |
| $x_1$ | 0.75 | 1.5 | 1.78539816 | 3.25 |
| $x_2$ | 0.70833333 | 1.41666667 | 1.77250077 | 3.16346154 |
| $x_3$ | 0.70710784 | 1.41421569 | 1.77245385 | 3.16227788 |
| $x_4$ | 0.70710678 | 1.41421356 | 1.77245385 | 3.16227766 |

いずれも $x_4$ は末位まで正しい.

$$\frac{f(x)}{f'(x)} = \left(x^2 - \frac{a}{x}\right) \bigg/ \left(2x + \frac{a}{x^2}\right)$$
$$= \frac{x(x^3 - a)}{2x^3 + a}$$

だから，$x_k$ を現在の値とするニュートン法の次の値は

$$x_{k+1} = x_k - x_k \frac{x_k^3 - a}{2x_k^3 + a}$$
$$= x_k \frac{x_k^3 + 2a}{2x_k^3 + a} \tag{6}$$

となる．(6)の右辺を $x_k \times \left[\dfrac{1.5a}{2x_k^3 + a} + 0.5\right]$ と計算してもよい．これから $x_k > \sqrt[3]{a}$ なら $x_k > x_{k+1} > \sqrt[3]{a}$ であり，数列 $x_k$ が $\sqrt[3]{a}$ に近づくことは，平方根の場合と同様に示すことができる．さらに $\xi = \sqrt[3]{a}$ とおくと

$$\begin{aligned}x_{k+1} - \xi &= (x_k - \xi) - \frac{x_k(x_k^3 - \xi^3)}{2x_k^3 + \xi^3}\\ &= (x_k - \xi)\left[1 - \frac{x_k(x_k^2 + x_k\xi + \xi^2)}{2x_k^3 + \xi^3}\right]\\ &= (x_k - \xi)\frac{x_k^3 - x_k^2\xi - x_k\xi^2 + \xi^3}{2x_k^3 + \xi^3}\\ &= (x_k - \xi)^3 \frac{x_k + \xi}{2x_k^3 + \xi^3}\end{aligned}$$

となり，誤差が「3乗収束」する．数値例を表 4.3 に示す．

**例 4.6** 逆数 $\dfrac{1}{a}$ ($a \neq 0$). $f(x) = \dfrac{1}{x} - a = 0$ の解としてニュートン法を適用すると

$$\frac{f(x)}{f'(x)} = \left(\frac{1}{x} - a\right) \bigg/ \left(-\frac{1}{x^2}\right)$$
$$= -x + ax^2$$

だから，反復は

$$x_{k+1} = 2x_k - ax_k^2$$
$$= x_k(2 - ax_k) \tag{7}$$

**表 4.3** 立方根の例

| $a$ | 2 | 10 |
|---|---|---|
| $x_0$ | 1.3 | 2.2 |
| $x_1$ | 1.25994683 | 2.15444785 |
| $x_2$ | 1.25992105 | 2.15443469 |

どちらも最後の値は末位まで正しい.

となる. $x_{k+1} - \dfrac{1}{a} = -a\left(x_k - \dfrac{1}{a}\right)^2$ であって, 2乗収束が保証される. 式(7)は乗算(と減算)のみで計算できるから, 多倍長数の乗算が早くできれば, この方法で逆数 $\dfrac{1}{a}$ を求めて $b$ に掛けることによって, 除算 $\dfrac{b}{a}$ を行うのが有利なことがある.

ただしたとえば $\dfrac{3}{6}$ が $3 \times 0.166666$ といった形の計算になるので, これが正確に $\dfrac{1}{2} = 0.5$ とならず, 0.499998 といった値になるといった誤差が生じるのは我慢しなければならない.

**問 4.4** 平方根の逆数 $\dfrac{1}{\sqrt{a}}$ は, $f(x) = \dfrac{1}{x^2} - a = 0$ の解として計算できる. これにニュートン法を適用すると, 除算を含まない(乗算と加減算のみでできる)反復式ができるが, それを求めよ.

## 4.3 速度と加速度

1° **加速度** ここでは簡単のために1次元の運動のみを考える．物体が運動する1次元空間(直線)の座標を $x$ とし，その上を運動する物体の，時刻 $t$ での位置を $t$ の関数

$$x = f(t) \qquad (1)$$

で表す．第2章で注意したように，(1)の $t$ に関する導関数

$$v = f'(t) = v(t) \qquad (2)$$

が，時刻 $t$ における**速度**を表す．ただしこの速度は「速さ」ではない．正負の符号がつき，負の速度は $x$ が減少する方向の運動を示す．

(2)はふたたび $t$ の関数だから，それを $t$ で微分した導関数が考えられる．(2)の $t$ に関する導関数

$$a = v'(t) \qquad (3)$$

を，(1)に対しては $f$ の**第2階導関数**といい，$f''(t)$ で表す．また(2)が速度を表すとき，(3)を**加速度**という——加速度といってもたとえば，$v > 0$ で $a < 0$ のときには $v$ の減少すなわち「減速度」である．

**例 4.7** 空気の抵抗などの影響がない自由落体の運動は，下向きの加速度が一定の運動である．地表を $x$ の原点 O とし上向きに $x$ 軸をとるとき，下向きの一定加速度を $g$，落下開始時刻を $t = 0$ とすると，時

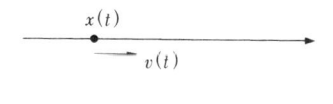

図 4.5

刻 $t$ での速度は
$$v = v_0 - gt \tag{4}$$
である．$v_0$ は $t=0$ での初速度であり，もし最初に静止していたのなら $v_0=0$ である．位置 $x$ は(4)の原始関数である．$t=0$ のときの位置を $x=x_0$ とすると
$$x = x_0 - \frac{g}{2} \cdot t^2 \quad (v_0=0 \text{ とする}) \tag{5}$$
である．地上に達するまでの時間 $t_1$ は，(5)で $x=0$ としたときの $t$ の値であり
$$t_1 = \sqrt{\frac{2x_0}{g}} \tag{6}$$
である——$t_1$ が $x_0$ 自体でなく $\sqrt{x_0}$ に比例することに注意する．

以上では具体的な単位を明示しなかったが，$x$ を m(メートル)，$t$ を sec(秒)で計れば，速度の単位は m/sec(毎秒メートル)であり，加速度の単位は m/sec/sec(毎秒毎秒メートル)である．地球上の重力では $g$ (重力加速度)の値はだいたい 9.8 m/sec/sec である[†]．したがって $x_0=10$ m のとき，$t_1$ はほぼ 1.4 秒，$x_0=50$ m のとき，$t_1$ はほぼ 3.2 秒である．

**問 4.5** 地表から初速度 $v$ m/sec で真上に打ち上げられた物体の最高到達点の高さを求めよ(空気の抵抗などはないものとし，重力場も一様とする)．

2° **超高速鉄道の到達時間** 別の例として，磁気浮上式リニアモーターカーのような**超高速鉄道**を考える．東京・大阪間の直線距離はほぼ500 kmだが，最高時速500 kmの超高速鉄道ができても，1時間で結ぶことはできない．加速・減速に要する時間が無視できないのである．まして途中に駅があって何回も停車する

---

[†] これは大ざっぱな平均値であり，地球上の地域によって 9.75〜9.84 m/sec/sec くらいの幅がある．数学の教科書では，計算を容易にするために数値を 10 とした例もある．

## 60　第4章　微分積分の応用

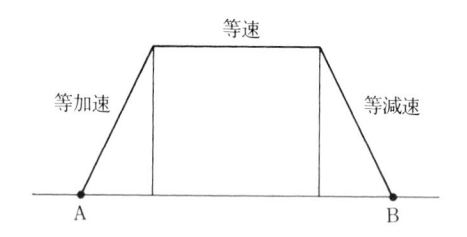

図4.6　等加速・等減速の運転曲線

と，超高速鉄道としての意味が薄くなる．

もっとも簡単な運転曲線として，出発時刻 $t=0$ から $t=s$ まで一定加速度 $\alpha$ で加速し，$t=s$ で最高速度 $V$ に達してしばらくその速度で走り，目的地到達時刻 $s$ 以前から一定の負の加速度 $-\alpha$ で減速して，$L$ だけ離れた目的地に停車するとし，全所要時間を $T$ とする．この関係を式で表現しよう．

$0 \leqq t \leqq s$ では $t$ での速度が $v=\alpha t$ であり，$t=s$ で $v=V$ となるから

$$V = \alpha s \tag{7}$$

である．出発点を $x=0$ とすると，$0 \leqq t \leqq s$ での位置 $x$ は，$v$ の原始関数として

$$x = \frac{\alpha}{2} t^2 \quad (t=0 \text{ のとき } x=0) \tag{8}$$

であり，$t=s$ までの間に走る距離，すなわち必要加速距離 $l$ は

$$l = \frac{\alpha}{2} s^2 = \frac{V^2}{2\alpha} \tag{9}$$

である．(9)は $\dfrac{Vs}{2}$，すなわち最高速度の半分で $s$ だけ走る距離

4.3 速度と加速度　61

に等しい．

　減速段階もまったく同様であり，(9)と同一の減速距離 $l$ を要する．ゆえにもしも $L<2l$ ならば，最高速度 $V$ まで加速しないうちに減速しなければならず，最高速度 $V$ という意味がない．$L\geqq 2l$ ならば，残りの $L-2l$ の中央区間を速度 $V$ で走って，その所要時間は $\dfrac{L-2l}{V}$ だから，全体の所要時間 $T$ は

$$T = 2s + \frac{L-2l}{V}$$

$$= \frac{2V}{\alpha} + \frac{L}{V} - \frac{V}{\alpha} = \frac{L}{V} + \frac{V}{\alpha} \tag{10}$$

となる．これは加速・減速に要する時間 $\dfrac{V}{\alpha}$ に相当する分だけ，全部を最大速度で走ったときの所要時間 $\dfrac{L}{V}$ よりも長くかかることを意味する．

　もしも距離 $L$ と加速度 $\alpha$ が一定のとき，所要時間 $T$ を最小にする $V$ を選べ，というのなら，積 $\dfrac{L}{V}\cdot\dfrac{V}{\alpha}=\dfrac{L}{\alpha}$ が一定なときの和だから，最適の $V$ は

$$\frac{L}{V} = \frac{V}{\alpha} \tag{11}$$

つまり

$$V = \sqrt{L\alpha} \tag{12}$$

である．このとき(9)から $L=2l$ となる．これは最高速度 $V$ で走るのが一瞬で，前半加速・後半減速というたいへん無理な運転である[†(脚注次ページ)]．また $L$ が短いときはともかく，$L$ が大きいと $V$

の値が現実に実現不可能な数値になる．

実際には $L$ が $l$ よりも十分大きく，大部分の区間を最高速度 $V$ で走るように設計するだろうが，(12)は $L, a, V$ の1つの限界を示す関係である．

**例 4.8** 以上ではわざと単位をあいまいにしたが，以下数値を述べる．輸送業務関係では，長さを km，時間を h(時；3600秒)，したがって速度を km/h(時速；毎時キロメートル)で計るのが普通である．加速度は km/h/sec(毎秒毎時キロメートル)という混合単位を使う．したがって(12)を時速で表すには，$a$ を km/h/h に換算するために 3600(＝時/秒)を乗じた値を使って

$$V = 60\sqrt{\frac{L}{a}} \tag{12'}$$

とする必要がある．あるいは(12)のままの数値を**分速**(毎分キロメートル)と思えばよいだろう．

$a$ の値は，乗客の耐えられる限度や乗り心地などと関連して，あまり大きくできない．現実の例では，新幹線が1～1.5，通勤電車が2～4，離着陸時のジェット機が5～8程度であり，$a \geq 5$ になるとシートベルトが欲しくなる．現実の超高速鉄道では，2～3程度だろうが，以下では仮に $a = 1$ とする．

東京・大阪間を想定して $L = 500$ とすると，(12)は $V \fallingdotseq 1340$ となり，音速($V = 1200$ ほど)を超える実現不可能な値になる．$V = 500$ とすると，(10)は($a$ を km/h/h に換算して)

$$T = \frac{500}{500} + \frac{500}{3600}$$
$$= 1.14 \quad 時間$$

となる．この程度の距離になると，加速・減速区間の影響は比較的少ないが，それでも加速・減速に約9分かかる．

---

† 当面の課題とは関係ないかもしれないが，エネルギー的にも浪費が多いし，またたぶん乗り心地もよくないだろう．

他方 $V=500$, $a=1$ としたとき, $L=2l$ となるのは
$$L=\frac{500^2}{3600} \fallingdotseq 14 \quad \text{km}$$
である．したがって駅間距離が最低この倍の 30 km 以上ないと，超高速鉄道の意味が薄い．つまりこれは長距離輸送用であって，市内交通機関向きではない．

**問 4.6** ラスベガスで計画中のリニアモーターカーでは，$L=12$ km, $V=200$ km/h, $T=6$ 分程度である．本文のような運転をするとしたら加速度 $a$ はどのくらいか．

**注意1** 実際の運転曲線は本文のような等加速・等減速ではないし，また加速と減速とが対称でもない．しかし微分積分学入門第一課の例として，だいたいの見当をつける意味で論じた．

**注意2** 等加速度運動はあまりにも特殊すぎるが，問題によっては加速度を積分して速度を，速度を積分して位置を計算することが必要なので，その種類の例題を扱ってみた．ニュートン力学では加速度が力に比例するのが基本法則なので，力学の問題には加速度が重要である．

**注意3** $f$ の 2 階導関数 $f''(x)$ は，加速度という物理的な意味のほか，曲線の凸凹(曲り具合)などに大きな応用がある．ただ第一課としては，やや進んだ題材と思うので，多少の内容を別掲囲み記事(64 ページ)で扱うのに留める．

## 4.4 面積と体積

前三節は主に微分の応用であるが，積分の応用としてもっとも重要なのは，面積・体積の計算である．

すでに第 1 章および第 3 章で解説したとおり，区間 $[a, b]$ において $f(x) \geq g(x)$ であり，$f(x), g(x)$ が積分可能ならば，2 曲線 $y=f(x)$, $y=g(x)$ と $x=a, x=b$ とで囲まれる図形 $\{(x, y) \mid g(x) \leq y \leq f(x), a \leq x \leq b\}$ の面積 $S$ は，定積分

## 凸 関 数

区間 $[a, b]$ で定義された連続な関数 $f(x)$ が，この区間内の相異なる任意の 2 点 $u, v$ に対してつねに
$$\frac{f(u)+f(v)}{2} > f\left(\frac{u+v}{2}\right) \tag{1}$$
をみたすとき**凸関数**という[†].

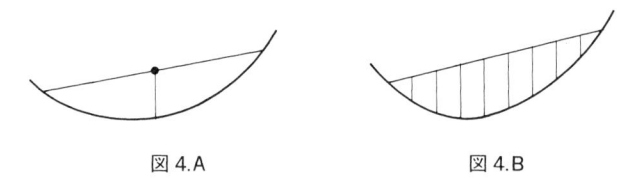

図 4.A　　　　　　　　図 4.B

図形的にいえば，両端での値 $(u, f(u)), (v, f(v))$ を結ぶ線分より，中央が下にあることである．固定した相異なる 2 点 $r, s$ に対し，$u=r, v=s$ から始めて，(1) を $u=r, v=\frac{r+s}{2}$; $u=\frac{r+s}{2}, v=s$ と適用すると

$$f\left(\frac{3}{4}r+\frac{1}{4}s\right) < \frac{1}{2}f(r)+\frac{1}{2}f\left(\frac{1}{2}(r+s)\right) < \frac{3}{4}f(r)+\frac{1}{4}f(s)$$

$$f\left(\frac{1}{4}r+\frac{3}{4}s\right) < \frac{1}{2}f\left(\frac{1}{2}(r+s)\right)+\frac{1}{2}f(s) < \frac{1}{4}f(r)+\frac{3}{4}f(s) \tag{2}$$

を得る．これを反復すると(一般には数学的帰納法で)

$$f\left(\frac{k}{2^q}r+\left(1-\frac{k}{2^q}\right)s\right) < \frac{k}{2^q}f(r)+\left(1-\frac{k}{2^q}\right)f(s);$$
　　$k, q$ は正の整数，$1 \leq k \leq 2^q-1$

---

[†] この定義は慣用のものとは違う．実質的にはほぼ同等だが，このようにしたのは，指数関数の微分可能性(第 6 章囲み記事)への応用のためである．

凸関数　65

を示すことができる. $f$ は連続だから, 分母が 2 の累乗である有理数で近似することにより, 一般に相異なる 2 点 $r, s$ と $0 < \lambda < 1$ である実数 $\lambda$ について, 次の不等式が成立する：
$$f(\lambda r+(1-\lambda)s) < \lambda f(r)+(1-\lambda)f(s). \qquad (3)$$

**注意**　本来なら極限値をとると $<$ は $\leqq$ になるはずであるが, この場合には, 次のように(3)も $<$ でよいことが示される. $0 < \lambda < \frac{1}{2}$ なら $s$ と $\frac{r+s}{2}$ について(3)にあたる式（$\leqq$ とした）を作り

$$\begin{aligned}
f(\lambda r+(1-\lambda)s) &= f\left(2\lambda \frac{(r+s)}{2}+(1-2\lambda)s\right) \\
&\leqq 2\lambda f\left(\frac{r+s}{2}\right)+(1-2\lambda)f(s) \\
&< \lambda f(r)+\lambda f(s)+(1-2\lambda)f(s) \\
&= \lambda f(r)+(1-\lambda)f(s)
\end{aligned}$$

とする. $\frac{1}{2} < \lambda < 1$ なら $r$ と $\frac{r+s}{2}$ とに同様の変形をする. $\lambda = \frac{1}{2}$ なら(1)自体である. ◻

(3)は $u=r$, $v=\lambda r+(1-\lambda)s$, $w=s$ と置き換えると, $\lambda=\frac{w-v}{w-u}$ なので

$u<v<w$ なら $(w-u)f(v)<(w-v)f(u)+(v-u)f(w)$ 　(4)

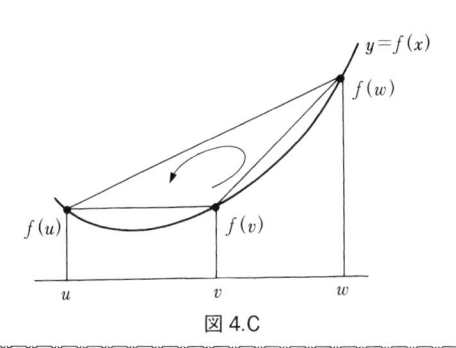

図 4.C

と書き換えられる．これはまた $w-u=(w-v)+(v-u)$ として

$$u<v<w \text{ のとき } \quad \frac{f(v)-f(u)}{v-u}<\frac{f(w)-f(v)}{w-v}$$

とも書き換えられるし，$w-v=(w-u)-(v-u)$, $v-u=(w-u)-(w-v)$ として

$$u<v<w \text{ なら } \frac{f(v)-f(u)}{v-u}<\frac{f(w)-f(u)}{w-u}<\frac{f(w)-f(v)}{w-v} \quad (5)$$

とも書き換えられ，いずれも(3)と同値である．図形的にいえば(5)は3点 $(u, f(u))$, $(v, f(v))$, $(w, f(w))$ を $U, V, W$ で表すと，

$u<v<w$ のとき

直線 $UV$ の傾き < 直線 $UW$ の傾き < 直線 $VW$ の傾き　　(5′)

を意味する．あるいは三角形 $UVW$ をこの順に廻ると，反時計廻りといってもよい．また(5)から次の性質がわかる．

> **定理** $f(x)$ が凸関数ならば，その差分商 $\dfrac{f(y)-f(x)}{y-x}$ は，$x$ を固定したとき，$y$ について増加であり，$y$ を固定すれば $x$ について増加である．□

もしも凸関数 $f(x)$ が微分可能なら，$x<y$ のとき

$$f'(x)<\frac{f(y)-f(x)}{y-x}<f'(y)$$

であり，導関数 $f'(x)$ は増加関数である．ゆえに $f'(x)$ がさらに微分可能なら，第2階導関数 $f''(x)$ は $\geq 0$ である(じつは特別な点を除いて正である)．逆に $f''(x)>0$ ならば $f(x)$ は凸関数であることが証明できる．このように凸関数は $f''(x)$ と関連し，不等式などへも多くの応用をもつが，第一課としてこれに留める．

最後に1つだけ積分との関連を述べておく．

凸関数　67

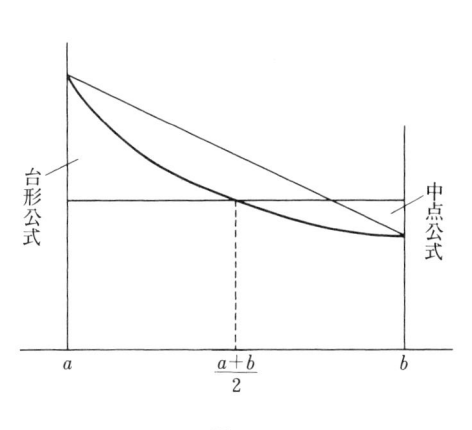

図 4.D

> **定理** $f(x)$ が凸関数(で積分可能)ならば
> $$\frac{(b-a)}{2}[f(a)+f(b)] > \int_a^b f(x)\mathrm{d}x > (b-a)f\left(\frac{a+b}{2}\right). \quad (6)$$

**証明** (3)は $0<t<1$ で, $f(ta+(1-t)b)<tf(a)+(1-t)f(b)$ を意味するからこれを $a$ から $b$ まで積分すれば左側を得る. 他方 $c=\dfrac{a+b}{2}$ とおくと(1)から

$$0<u<\frac{b-a}{2} \text{ で } 2f(c)<f(c+u)+f(c-u)$$

で, $u$ について $0$ から $\dfrac{b-a}{2}$ まで積分すれば右側を得る. □

$f(x)=x^2$ は凸関数である. 第1章の数値例をこの定理から見直すとおもしろかろう.

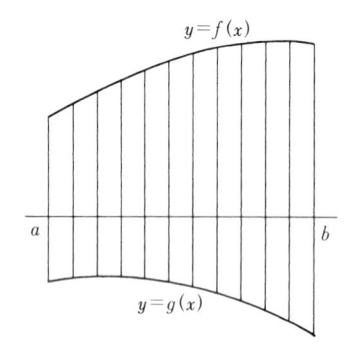

図 4.7 $f(x)$ と $g(x)$ との間の図形

$$S = \int_a^b [f(x) - g(x)] \mathrm{d}x \tag{1}$$

で与えられる．(1)の実際の計算は，被積分関数 $f(x) - g(x)$ の原始関数 $F(x)$: $F'(x) = f(x) - g(x)$ を求めれば，その差

$$S = F(b) - F(a) = F(x)\Big|_a^b \tag{2}$$

として計算できる．特に図形が $x = a, x = b, x$ 軸と $y = f(x)$ とで囲まれているときの面積は

$$f(x) \geq 0 \text{ ならば } \int_a^b f(x) \mathrm{d}x,$$

$$f(x) \leq 0 \text{ ならば } \int_a^b [-f(x)] \mathrm{d}x$$

となる．両者をまとめれば $\int_a^b |f(x)| \mathrm{d}x$ と書けるが，こう書いても実際には $f(x)$ が正の部分と負の部分とに分けて計算する必要がある——もっとも $x$ 軸より下の部分の面積を負と計り，正負の代数和を考える必要がある場合には，$\int_a^b f(x) \mathrm{d}x$ でよい．

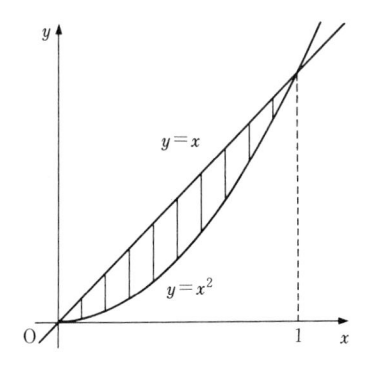

**図 4.8** 放物線と直線で囲まれる図形

**例 4.9** 放物線 $y=x^2$ と直線 $y=x$ とで囲まれる図形(図 4.8)の面積を求めよ.

**解** 両者の交点は $x=0$, $y=0$ と $x=1$, $y=1$ であり, 対象となる図形は
$$\{(x,y) \mid x^2 \leq y \leq x \, ; \, 0 \leq x \leq 1\}$$
である. 面積は次のようになる:
$$\int_0^1 (x-x^2) dx = \frac{x^2}{2} - \frac{x^3}{3} \Big|_0^1 = \frac{1}{6}.$$

**問 4.7** 曲線 $y=x^3$ と直線 $y=x$ とが囲む $x \geq 0$ の範囲を求めて, その面積を計算せよ.

体積 $V$ についても, 図形が $a \leq x \leq b$ に含まれ, この間の $x=t$ での切口の面積が $S(t)$ のとき, 1.3 節で述べたとおり, 体積は切口の面積の積分

$$V = \int_a^b S(x) dx \tag{3}$$

で与えられる. 特に図形が回転体であり, 母線が $\{y=f(x), a \leq x \leq b\}$ ならば, 切口の面積は円の面積の公式から $S(t)=$

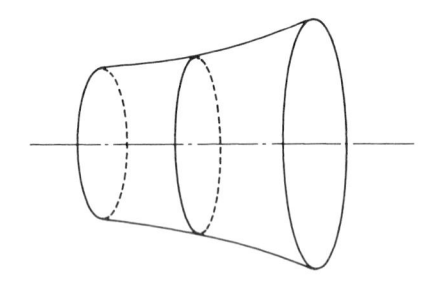

図 4.9　回転体の体積

$\pi[f(t)]^2$ だから

$$V = \int_a^b \pi[f(x)]^2 \mathrm{d}x \tag{4}$$

となる.

**例 4.10**　半径 $r$ の球の体積. 中心を原点, そこを通る1つの直径を $x$ 軸にとると, $-r \leqq x \leqq r$; $x=t$ での切口の半径は $\sqrt{r^2-t^2}$ なので, 体積は

$$V = \int_{-r}^{r} \pi[r^2-t^2]\mathrm{d}t = \pi\left[r^2 \cdot t - \frac{t^3}{3}\right]\Big|_{-r}^{r}$$
$$= \pi\left(2r^3 - \frac{2}{3}r^3\right) = \frac{4\pi}{3}r^3$$

である. また $-r \leqq a < b \leqq r$ とするとき, $x=a, x=b$ ではさまれた部分の体積は同じ被積分関数の $a$ から $b$ までの定積分であり, 具体的な値は次のようになる:

$$\pi\left[r^2 \cdot t - \frac{t^3}{3}\right]\Big|_a^b = \pi\left[r^2(b-a) - \frac{b^3-a^3}{3}\right]$$
$$= \frac{\pi(b-a)(3r^2-a^2-ab-b^2)}{3}. \tag{5}$$

**例 4.11**　半径1の半球を底面と平行な面 $x=a$ で切って体積を2等分するにはどこで切ればよいか(**まんじゅう等分問題**).

**解** $0 \leq x \leq a$ の部分の体積が,球全体の体積の $\frac{1}{4}$ になればよい. (5)から

$$\frac{\pi a(3-a^2)}{3} = \frac{\pi}{3} \qquad \text{すなわち} \quad a^3 - 3a + 1 = 0$$

という方程式を得る.この方程式は正九角形と関連してアルキメデスが研究している.

この3次方程式は四則と実数の累乗根のみでは解けない.しかし三角関数の加法定理から,3倍角の公式

$$\cos 3\theta = 4\cos^3 \theta - 3\cos \theta$$

がでるので,$a = 2u$ と置き換えて $4u^3 - 3u + \frac{1}{2} = 0$ と変形して比較すると

$$\cos 3\theta = -\frac{1}{2} \text{ である } \theta \text{ に対して } u = \cos \theta, \ a = 2\cos \theta$$

が解である.ただし $3\theta = 120°$, $\theta = 40°$ としたのでは,$a > 1$ となって条件に合わない.所要の解は $3\theta = 120° - 360° = -240°$, $\theta = -80°$ としたときの値,すなわち

$$a = 2\cos(-80°) = 0.3472963553$$

である.

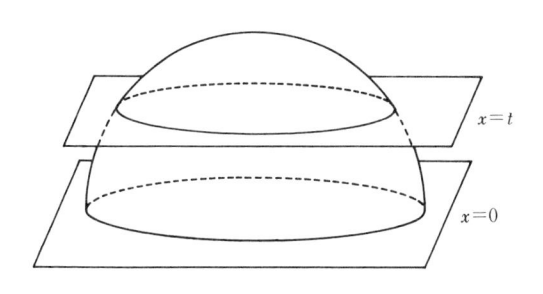

図 4.10 半球を切る

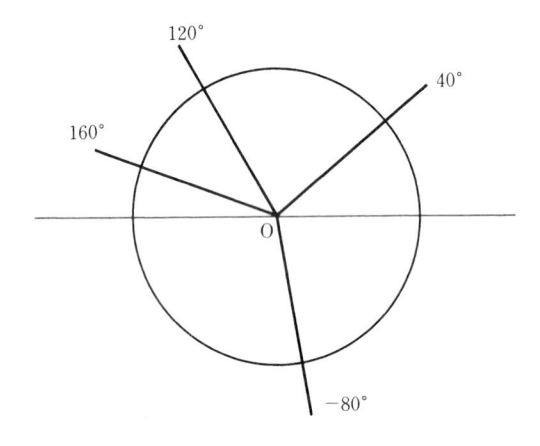

図 4.11 まんじゅう等分問題の解に対する角のとり方

**問 4.8** 底面の半径 $r$, 高さ $l$ の円錐を, 直線 $y = \dfrac{rx}{l}$, $0 \leq x \leq l$ を回転して得られる回転体とみなして, その体積を計算せよ.

### 第 4 章の演習問題

1. 半径 $r$ の円板から 2 本の半径に沿って扇形を切りとり, それを丸めて合わせ(のりしろは考えない)円錐形を作る. この円錐の体積を最大にするには, どのように切ればよいか.
2. 2 実解をもつ 2 次方程式 $f(x) = ax^2 + bx + c = 0$ の解を, 直接にニュートン法で計算すると, どういう式になるか. また $f(x) = 0$ が重複解を有するとき, 逐次反復列はどうなるか.
*3. 4.4 節の「まんじゅう等分方程式」: $x^3 - 3x + 1 = 0$ を, $x_0 = \dfrac{1}{3}$ を初期値としたニュートン法で解け.
4. 放物線 $y = x^2$ について, その上の 2 点 $(x_1, y_1), (x_2, y_2)$ を結ぶ弦

とその弧とで囲まれた部分の面積は, $(x_1, y_1)$, $(x_2, y_2)$ と, $x$ 軸方向の中点 $\dfrac{x_1+x_2}{2}$ を $x$ 座標とする放物線上の点とからなる三角形の面積の $\dfrac{4}{3}$ 倍であることを示せ.

5. 放物線 $y=x^2$, $0 \leq y \leq 1$ を $y$ 軸の周りに回転して得られる曲面と底面 $y=1$ とで囲まれる回転体の体積を計算せよ.

6. 鉄道の在来線では最高速度で走って急制動をかけたとき, 600 m 以内に停止するように規制されている. このとき等加速度 $-3$ km/h/sec で減速するとすれば, 許される最大速度はいくらか.

# 第 II 部
# 計算技法

# 第5章　微分法の基本公式

合成操作

　第II部は計算技法を論じるのであるが，本章において必要な基礎概念の補充をする．最初の節は論理的な順序として加えたものであり，とばしてもよい．

## 5.1　関数の概念

　微分積分学は関数を対象とする演算が中心である．そのために関数の概念について一言しておく．

　**関数**(昔の文字および中国では函数)の原語 function は，本来「機能」といった意味だが，もともとはルネサンス期に変化をとらえる研究が盛んになった時点で変化する諸量の総称として使われた用語である．つまり今日の $y=f(x)$ における $x, y$ の意味であり，$f$ は relation of functions(諸量間の関係)というようによばれていた．それが次第に一般化されたとき，function の方が名として使われた形である．

　18世紀で使われた「関数」という語の意味は，第I部で使った

のとほぼ同様であり，いろいろな式の総称であった．しかし 18 世紀末になると，弦の振動の微分方程式の解の考察から，式(特に無限級数)で書ける関数の性格に反省が起こった．19 世紀を通じて，今日の解析学が発展するにつれて，関数の概念も何度か拡張され，修正されてきている．20 世紀に入ると，集合論が数学の基礎とされ，関数とは対応あるいは写像であるという今日の定義が標準となった．すなわち次のような定義である．

> **定義 5.1** 集合 $X, Y$ があり，$X$ の各要素 $x$ に対して，$Y$ の一要素 $y$ を対応させる規則 $f: x \to y$ が定められているとき，その対応規則 $f$ を $X$ から $Y$ への**関数**といい，$y = f(x)$ と表す．

ただし実用上では，「関数」という語を，$X, Y$ が実数などの「数の体系」である場合に使うことが多い．

理論的には，たぶんこれが窮極的な定義であろう．実際にまったく一般な(病的な?)関数を考えるとなると，こう定義するしかない．しかし微分積分学で実用にされる具体的な関数は，一般な関数からみればきわめて特殊な限られた対象にすぎない．そしてそのような特殊な対象に対しては，一般論の大枠は広すぎて使いものにならず(?)，もう少し別の考察を要すると思う．

20 世紀のこれまでの数学の 1 つの特長は，抽象性・一般性にあったが，今やふたたび一般論ではすまない個別の興味深い対象の研究に，多くの数学者の目が向きつつある．微分積分学で扱う関数に対して，一般的な写像・対応をふりまわしても，得るとこ

## 5.1 関数の概念

ろは少なく[†]，あえて別の発想を試みる必要がある．

私の考えは次のとおりである：関数とは「抽象的なある存在物」である．それを具体的に表現して使うために，式，グラフ，表などの諸方法があり，必要に応じてそれらを相互に変換して有機的に活用するのがよい．場合によっては，その表現そのものを「関数自体」と考えてもさしつかえない——しかしそれはやはりあくまで**表現**であって，**実体**そのものではないと思うべきだろう．

これら相互の変換には，現在では電卓・マイコンも含めた広義のコンピュータが有用である．コンピュータを数学教育に活用する有効な場面の1つであろう．そのためには「SGN の三位一体」——S は Symbolic(式)，G は Graphic(図，グラフ)，N は Numeric(数表)——というスローガンも現れている[††]．

**式**とは $x^2+2$, $\sqrt{x-1}$, $\sin x$ といった具体的な「標準関数」の組合せである．それはまた変数の値 $x$ からその関数値を計算する**算法**(計算手順，プログラム)をも与えている．式の形の表現がもし可能ならば，それがもっとも便利であり，それから数表も計算できるし，グラフもかける．

本章と次章で述べるように，いわゆる初等関数の導関数はすべて初等関数の範囲の式で表現することができ，しかもその導関数は比較的少数の基本公式の組合せで，まったく機械的に求められる．その意味でも，式による表現が大事である．このような微分

---

[†] その極端な一例が，1970年代に世界的に広まり，今や忘れられつつあるいわゆる「数学教育の現代化」(SMSG)であろう．

[††] それはまた数値計算(算数)から始まったコンピュータが，代数と幾何を「学習」する段階にまで成長したことの象徴でもあろう．

操作を計算機で高速に実行するのが，近年世界中で何人かの人びとによって独立に提唱され開発されてきた「高速自動微分法」である．これは必ずしも計算機向きの算法とは限らず，人が手で計算するときにも有用である——ただ実際にやると，伝統的な式の変形計算よりもはるかに広い紙面を必要とする上に，根気だけの計算であり，機械的で退屈なので，かえって誤る可能性が大きい．

しかしながら，コンピュータが発展して式の計算もできるようになり，印刷すると1つだけで数ページにもおよぶような長い式が現れてくると，式にのみ固執するのは有利でない．また実際問題に現れる微分方程式の解は，たいてい簡単な式できれいに表されない．したがって他の表現が必要になる．

**グラフ**は人間にとってはもっとも明確であって，関数の多くの性質をよく表現している．本書では扱わないが，現在では微分方程式は解の式を示しただけでは不十分で，解曲線のグラフまでか

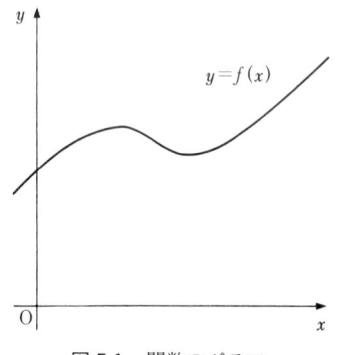

図 5.1　関数のグラフ

かなくては解いたことにならないという気運が盛り上がっている．

ただグラフのようなアナログ型の表現では，精度に限界があり，かえって誤った情報を得てしまう場面もあり得る．そのために数表による表現も必要である．

微分積分学で扱う関数 $y=f(x)$ は，本来は連続変数 $x$ に対するものであるが，通例では十分に細かい間隔のとびとびの点，たとえば等間隔の点列 $x_0, x_1, \cdots, x_n, \cdots$ における値 $y_0, y_1, \cdots, y_n, \cdots$ を**数表**によって表現することができる．$f(x)$ は十分に滑らかで「おとなしい」場合しか扱わないから，必要に応じて間の値を補間することによって，必要な点 $x$ での真の値の十分な近似値を求めることができる．

本書ではそこまで扱わないが，微分方程式の数値解法にはこの考えが基本的であり，**離散変数近似**(とびとびの点のみを変数とする近似)とよばれている．これは式による表現とともに，「無限次元」の存在である関数を，何とか有限次元の世界で表現しようという工夫の一つである．

前置きが長くなったが，微分積分学の対象としての関数について，筆者の考えの一端をあえて記述した次第である．

## 5.2 積・商の微分の公式

1° 積の微分

---

**定理 5.1** $f(x), g(x)$ が微分可能ならば $f(x) \cdot g(x)$ も微分可能で

$$[f(x) \cdot g(x)]' = f(x) \cdot g'(x) + f'(x) \cdot g(x). \qquad (1)$$

**証明** $f(x+h)\cdot g(x+h)-f(x)\cdot g(x)$ を

$$f(x+h)\cdot g(x+h)-f(x+h)\cdot g(x)+f(x+h)\cdot g(x)\\-f(x)\cdot g(x)$$

と変形して $h$ で割る．初めの2項は

$$f(x+h)\cdot\frac{g(x+h)-g(x)}{h}$$

となり，$h\to 0$ のとき $f(x+h)\to f(x)$, $\dfrac{g(x+h)-g(x)}{h}\to g'(x)$ だから $f(x)\cdot g'(x)$ に近づく．残りの2項は

$$\frac{f(x+h)-f(x)}{h}\cdot g(x) \to f'(x)\cdot g(x) \quad (h\to 0)$$

であるから，合わせて(1)を得る．□

> **系1** $f(x)\neq 0$, $g(x)\neq 0$ ならば
> $$\frac{[f(x)\cdot g(x)]'}{f(x)\cdot g(x)}=\frac{f'(x)}{f(x)}+\frac{g'(x)}{g(x)}. \quad \square \qquad (2)$$

(2)を一般化して，$n$ 個の積についても

$$\frac{[f_1(x)\cdots f_n(x)]'}{f_1(x)\cdots f_n(x)}=\frac{f_1'(x)}{f_1(x)}+\cdots+\frac{f_n'(x)}{f_n(x)} \qquad (3)$$

を示すことができる(厳密には $n$ に関する帰納法)．(3)の分母を払えば，公式

$$[f_1(x)\cdots f_n(x)]'=\sum_{k=1}^{n}f_1(x)\cdots f_{k-1}(x)f_k'(x)f_{k+1}(x)\cdots f_n(x) \qquad (4)$$

を得る．(4)は直接(1)から，$n$ に関する帰納法によっても証明できる．

5.2 積・商の微分の公式　83

(3)で $f_1(x)=\cdots=f_n(x)=f(x)$ とおけば，次の公式を得る．

**系2**　　　$[(f(x))^n]' = n(f(x))^{n-1}\cdot f'(x).$　□　　　(5)

これは $(x^n)'=nx^{n-1}$ の一般化にあたる．

**例 5.1**　$x>0$ に対し(5)において $f(x)=\sqrt{x}$ とすれば
$$(x^{\frac{n}{2}})' = \frac{n\cdot x^{\frac{n-1}{2}}}{2\sqrt{x}}$$
$$= \left(\frac{n}{2}\right)\cdot x^{\frac{n}{2}-1}.$$

**問 5.1**　公式(5)を $f(x)=\dfrac{1}{x}$ に適用し，$\left(\dfrac{1}{x}\right)'=-\dfrac{1}{x^2}$ から $\left(\dfrac{1}{x^n}\right)'$ の公式を導け．

2°　商の微分．まず逆数の微分を求める．

**定理 5.2**　$f(x)$ が微分可能で $f(x)\neq 0$ ならば，その逆数 $u(x)=\dfrac{1}{f(x)}$ も微分可能であって
$$u'(x) = -\frac{f'(x)}{[f(x)]^2}. \qquad (6)$$

**証明**
$$\frac{u(x+h)-u(x)}{h} = \frac{1}{h}\left[\frac{1}{f(x+h)}-\frac{1}{f(x)}\right]$$
$$= -\frac{f(x+h)-f(x)}{hf(x+h)f(x)}.$$

$h\to 0$ のとき $f(x+h)\to f(x)$，$\dfrac{f(x+h)-f(x)}{h}\to f'(x)$ だから，この右辺は $-\dfrac{f'(x)}{[f(x)]^2}$ に近づく．ゆえに $u(x)$ も微分可能であり，

*84*　第5章　微分法の基本公式

(6)を得る．□

> **系（商の微分）**　$f(x), g(x)$ が微分可能で $f(x) \neq 0$ ならば，商 $\dfrac{g(x)}{f(x)}$ も微分可能であって，導関数は次の式で表される：
> $$\left[\frac{g(x)}{f(x)}\right]' = \frac{f(x)g'(x) - f'(x)g(x)}{[f(x)]^2}. \quad (7)$$

**証明**　逆数 $\dfrac{1}{f(x)} = u(x)$ とおき，商を $g(x)$ と $u(x)$ との積と考えると

$$\begin{aligned}
\left[\frac{g(x)}{f(x)}\right]' &= [g(x) \cdot u(x)]' \\
&= g(x)' \cdot u(x) + g(x) \cdot u'(x) \\
&= \frac{g'(x)}{f(x)} - \frac{g(x) \cdot f'(x)}{[f(x)]^2} \\
&= \frac{f(x)g'(x) - f'(x)g(x)}{[f(x)]^2}. \quad \square
\end{aligned}$$

逆数や商の微分公式を使えば，$\dfrac{1}{x^n}$ の導関数は2.3節のような技巧を使わなくても直接に計算できる．逆に次節で論じる合成関数の微分公式を使えば，逆数の微分公式は $\left(\dfrac{1}{x}\right)' = -\dfrac{1}{x^2}$ の一般化として導くことができる．

**注意**　単に公式(6)の形を得るだけなら，逆数 $u(x)$ の微分公式は，$u(x) \cdot f(x) = 1$ を微分して
$$u'(x) \cdot f(x) + u(x) \cdot f'(x) = 0$$
を $u'(x)$ について解けば

$$u'(x) = -\frac{u(x) \cdot f'(x)}{f(x)} = -\frac{f'(x)}{[f(x)]^2}$$

として導くことができる．このようにしなかったのは，$u(x)$ が微分可能であることをも（仮定せずに）証明したかったからである．

**問 5.2** $\dfrac{1}{x^n}$ の導関数を，定理 5.2 によって求めよ．

## 5.3 合成関数とその微分の公式

2つの関数 $y = g(x)$, $z = f(y)$ があり，$f$ の定義域が $g$ の値域を含めば，$f$ に $g$ を代入した関数

$$z = f(g(x)) \qquad (1)$$

を作ることができる．これを**合成関数**といい，(1)を $f \circ g(x)$ と書くこともある．ときとしては合成関数を作るとき，$g$ の値域が $f$ の定義域に入るように，$g$ の定義域自体を制限しなければならない場合もある．たとえば $\sqrt{1-x^2}$ は，$z = \sqrt{y}$ と $y = 1 - x^2$ との合成関数と考えられるが，$\sqrt{y}$ の定義域 $y \geq 0$ に後者の値域が入るよう，$x$ の定義域を $|x| \leq 1$ に限定しなければならない．

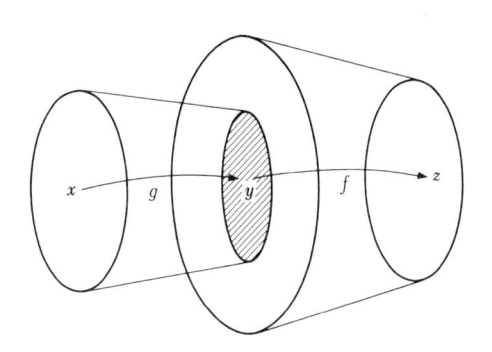

図 5.2 合成関数

**定理 5.3** $f(y), g(x)$ がそれぞれの変数について微分可能であり，$y=g(x)$ の値域が $f$ の定義域に含まれていれば，合成関数 $f(g(x))$ は $x$ について微分可能であって，次の公式が成立する：
$$[f(g(x))]' = f'(g(x)) \cdot g'(x). \qquad (2)$$

ここに $f'(g(x))$ は，$f(y)$ を $y$ について微分した導関数に $y=g(x)$ を代入した合成関数を意味する．

(2) は $z=f(y), y=g(x)$ としてライプニッツの記号を使うと，次のような形式的に分数を約分したような形に書くことができる：
$$\frac{\mathrm{d}z}{\mathrm{d}x} = \frac{\mathrm{d}z}{\mathrm{d}y} \cdot \frac{\mathrm{d}y}{\mathrm{d}x}. \qquad (3)$$

**証明** 大ざっぱには，$g(x)$ の変化を $k=g(x+h)-g(x)$ と書き
$$\frac{f(g(x+h))-f(g(x))}{h} = \frac{f(y+k)-f(y)}{k} \cdot \frac{g(x+h)-g(x)}{h}$$
と変形して，$h \to 0$ の極限をとればよい．しかし $h \neq 0$ でも $k=0$ となることがあり得るので，厳密にいうとこの証明では不十分である．

それを避けるには，多少技巧的だが微分係数の定義に立ち返って，これを変形するとよい．$\dfrac{g(x+h)-g(x)}{h} \to a = g'(x)$ とは，これを書き換えた条件式
$$g(x+h) = g(x) + ah + h\varepsilon(h), \quad h \to 0 \text{ のとき } \varepsilon(h) \to 0 \qquad (4)$$

と同じである.しかもこの形ならば,$h=0$ のときも $\varepsilon(0)=0$ として,$0=0$ の形で成立する.同様に $f(y)$ も,$\beta=f'(y)=f'(g(x))$ として

$$f(y+k)=f(y)+\beta k+k\delta(k), \quad k\to 0 \text{ のとき } \delta(k)\to 0 \quad (5)$$

である.ここで $y=g(x)$, $y+k=g(x+h)$ として(5)に代入すると,(5)は $k=0$ でも成立し

$$f(g(x+h))=f(g(x))+[\alpha h+h\varepsilon(h)][\beta+\delta(k)] \quad (6)$$

を得る.ここで $h\to 0$ とすれば $k\to 0$, $\dfrac{k}{h}\to g'(x)=\alpha$ だから(6)を

$$f(g(x+h))=f(g(x))+\alpha\beta h+h[\beta\varepsilon(h)+\alpha\delta(k)+\varepsilon(h)\delta(k)] \quad (7)$$

と書き換えると,(7)の右辺の末尾の [ ] は,$h\to 0$ のとき 0 に近づく項である.この式(7)は $f(g(x))$ が $x$ について微分可能で,$x$ での微分係数が $\alpha\beta=f'(g(x))\cdot g'(x)$ に等しいことを意味する. □

逆数の微分の公式(定理5.2)は,$u(x)=\dfrac{1}{f(x)}$ を,$\dfrac{1}{y}$ と $y=f(x)$ との合成関数とみなせば,$\left(\dfrac{1}{y}\right)'=-\dfrac{1}{y^2}$ からただちに

$$\left[\dfrac{1}{f(x)}\right]'=-\dfrac{f'(x)}{[f(x)]^2}$$

として得られる.これまでの公式の中に,他にも合成関数の微分の公式の特別な場合とみなすことができるものがある.

**例 5.2** 定理 5.1 系 2 は,$[f(x)]^n$ を,$y=f(x)$ と $y^n$ との合成関数とみなすと,ただちに $([f(x)]^n)'=n[f(x)]^{n-1}\cdot f'(x)$ となる.

**問 5.3** $f(x)>0$ のとき,$\sqrt{f(x)}$ の導関数を求めよ.特に $\sqrt{1+x^2}$ の導関数を求めよ.

## 5.4 逆関数とその微分の公式

5.1節で論じたとおり，関数は写像とみてよい．もしも集合 $X$ から他の集合 $Y$ への**写像** $f: X \to Y$ が**単葉**(1対1)，すなわち $u \neq v$ のとき $f(u) \neq f(v)$ ならば，$f$ の値域内の各点 $y$ に対して，$f(x) = y$ である $X$ 内の $x$ がただ1つ定まる．それを $y$ の関数として $x = \check{f}(y)$ と書くことができる[†]．これを**逆写像**という．

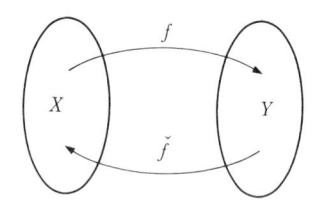

図 5.3　逆写像

もしも $X, Y$ が共に実数全体あるいはその部分集合であり，関数 $y = f(x)$ が**狭義**の**単調増加**，すなわち $u < v$ ならば $f(u) < f(v)$ とすれば，$f$ は写像として単葉であり，その値域上で逆写像が定義できる．これを $f$ の**逆関数**という．$f(x)$ が狭義の単調減少のときも同様である．

この趣旨からいうと，$y = f(x)$ の逆関数は $x = \check{f}(y)$ と書くべきである．しかし $X, Y$ が実数の一部のような，実質的に同じ集合のときには，$x$ を独立変数，$y$ を従属変数とし，関数を $y = \varphi(x)$

---

[†] $x = f^{-1}(y)$ と書くことが多いが，この記号はときとして逆数と混同しやすいので，あえて他の記号を使う．

の形に書く習慣がある．そのために逆関数も変数の文字を書き換えて，$y=\check{f}(x)$ を $y=f(x)$ の**逆関数**とするのが通例である．このように書き換えたときには，$y=f(x)$ と $y=\check{f}(x)$ のグラフは，直線 $y=x$ に関して対称である（図5.4）．逆関数を論じるときには，変数の記号に注意を要する．

逆関数を作るためには，$f(x)$ がその定義域で単葉でないとき，定義域を限定して単葉にする必要がある．たとえば $y=\sqrt{x}$ は $y=x^2$ の逆関数といってよいが，$y=x^2$ はそのままでは単葉ではない．$x\geqq 0$ に限定すれば単葉であり，そこでの逆関数がまさしく $y=\sqrt{x}$ である．したがって $\sqrt{x}$ の値域は 0 または正に限定される．

同じ関数を $x\leqq 0$ に限定しても単葉になる．そこでの逆関数は $y=-\sqrt{x}$ である．

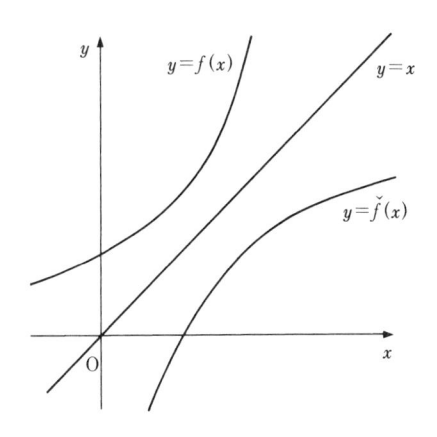

図 5.4　関数と逆関数のグラフ

$a$ を 1 でない正の定数としたとき，指数関数 $y=a^x$ の逆関数が対数関数 $y=\log_a x$ である．指数関数の値域が正の数に限られるので，対数関数の定義域は $x>0$ に限定される．

**例 5.3** 1 次分数関数 $y=\dfrac{ax+b}{cx+d}$ は，$ad-bc\neq 0$ ならば右辺が定数にならず，単葉である．$x$ を $y$ について解くと

$$x=\frac{dy-b}{-cy+a} \tag{1}$$

が逆写像であり，$x$ と $y$ を書き換えた $y=\dfrac{dx-b}{-cx+a}$ が逆関数である．$c=0$ ならば整 1 次式であり，その逆関数も同じ形である．$c\neq 0$ のとき厳密にいうと，もとの関数は定義域が $x\neq -\dfrac{d}{c}$，値域が $y\neq \dfrac{a}{c}$ であり，逆関数は定義域が $x\neq \dfrac{a}{c}$，値域が $y\neq -\dfrac{d}{c}$ であるが，形式的に無限遠点 $\infty$ を追加すれば，例外なく 1 対 1 になる．

$y=f(x)$ が区間 $[a,b]$ において狭義の単調増加で連続ならば，その逆関数も狭義の単調増加でかつ連続である．これはほぼ自明と思うが，厳密にいうと**連続性**の証明を要する．しかしここではその詳細に立ち入らず，単に「グラフがつながっている」といった理解で先へ進む．

以上の準備の下に，逆関数の微分可能性とその導関数の公式を論じよう．

## 5.4 逆関数とその微分の公式

**定理 5.4** $y=f(x)$ が区間 $[a, b]$ で狭義の単調増加で連続であり，$x=x_0$ において微分可能であって $f'(x_0) \neq 0$ ならば，その逆関数 $y=\check{f}(x)$ は $y_0=f(x_0)$ において微分可能であって $\check{f}'(y_0) = \dfrac{1}{f'(x_0)}$ である．

この式もライプニッツの記号を使うと，あたかも分数の分母子を交換した

$$\frac{\mathrm{d}y}{\mathrm{d}x} = 1 \Big/ \frac{\mathrm{d}x}{\mathrm{d}y} \tag{2}$$

の形に書くことができる．

**証明** $\check{f}(y_0+k)=x_0+h$ $(\check{f}(y_0)=x_0)$ とおけば，逆関数の連続性から $k \to 0$ のとき $h \to 0$ となる．そしてこの関係式は $f(x_0+h) = y_0+k$ を意味するから

$$\frac{\check{f}(y_0+k) - \check{f}(y_0)}{k} = \frac{x_0+h-x_0}{f(x_0+h)-f(x_0)}$$
$$= \frac{h}{f(x_0+h)-f(x_0)} \tag{3}$$

となる．(3)の右辺は差分商 $\dfrac{f(x_0+h)-f(x_0)}{h}$ の逆数であり，$h \to 0$ のとき $\dfrac{1}{f'(x_0)}$ $(f'(x_0) \neq 0)$ に近づく．ゆえに $k \to 0$ としたとき左辺は $\dfrac{1}{f'(x_0)}$ に近づき，それが $\check{f}'(y_0)$ に等しい．□

これを使うと，$y=\sqrt{x}$ を $y=x^2$ $(x>0)$ の逆関数として微分す

れば
$$\frac{\mathrm{d}\sqrt{y}}{\mathrm{d}y}=1\Big/\frac{\mathrm{d}x^2}{\mathrm{d}x}=\frac{1}{2x}=\frac{1}{2\sqrt{y}}$$
を得る.

**例 5.4** $p, q$ を整数として, $x^{\frac{p}{q}}$ $(x>0)$ を微分する. まず $y=x^{\frac{1}{q}}$ を $y=x^q$ の逆関数とみなすと
$$\frac{\mathrm{d}y^{\frac{1}{q}}}{\mathrm{d}y}=\frac{1}{\dfrac{\mathrm{d}x^q}{\mathrm{d}x}}=\frac{1}{qx^{q-1}}=\frac{1}{qy^{\frac{q-1}{q}}}=\frac{1}{q}y^{\frac{1}{q}-1}$$
を得る. 変数を $x$ に直せば $(x^{\frac{1}{q}})'=\dfrac{x^{\frac{1}{q}-1}}{q}$ である. 次に 5.2 節の式(5) で, $n=p$, $f(x)=x^{\frac{1}{q}}$ とすると
$$(x^{\frac{p}{q}})'=p(x^{\frac{1}{q}})^{p-1}\cdot(x^{\frac{1}{q}})'=\left(\frac{p}{q}\right)x^{\frac{p}{q}-1}$$
となる. これは $f(x)=x^n$ のとき $f'(x)=nx^{n-1}$ という公式が, 任意の有理数 $n$ について成立することを意味する.

**問 5.4** (ⅰ) 1 次分数関数 $y=\dfrac{ax+b}{cx+d}$ を微分せよ.

(ⅱ) その逆関数(例 5.3)を微分せよ.

(ⅲ) 両者を比較して, このとき定理 5.4 が成立していることを確かめよ.


### 第 5 章の演習問題

1. 次の関数を, 積・商・合成関数の微分の公式を活用して微分せよ.

   (ⅰ) $(x+1)^2(x-2)$　　(ⅱ) $\dfrac{x-1}{x+1}$　　(ⅲ) $x^{\frac{5}{2}}$ $(x>0)$

2. $f(x)=\sqrt{1-x^2}$ について $f'(x)$, $f''(x)$ を求めよ.

3. (ⅰ) $x, y$ が媒介変数 $t$ によって $x=f(t)$, $y=g(t)$ と表されるとき, $y$ を $x$ の関数とみて微分した導関数は, 次のように表さ

れることを示せ.
$$\frac{dy}{dx} = \frac{dy}{dt} \bigg/ \frac{dx}{dt}.$$

(ii) 特に $x = \dfrac{1-t^2}{1+t^2}$, $y = \dfrac{2t}{1+t^2}$ のとき, $\dfrac{dy}{dx}$ を求めよ.

*4. 区間 $[a, b]$ で $y = f(x)$ で狭義増加, 連続で, $f(a) = \alpha$, $f(b) = \beta$ のとき, その逆写像 $x = \overset{\vee}{f}(y)$ が $[\alpha, \beta]$ で $y$ について連続であることを証明せよ.

*5. 2次の行列式は $\begin{vmatrix} u_1(x) & u_2(x) \\ v_1(x) & v_2(x) \end{vmatrix} = u_1(x)v_2(x) - v_1(x)u_2(x)$ で定義される. この行列式を $f(x)$ とおくとき, その導関数は
$$f'(x) = \begin{vmatrix} u_1'(x) & u_2(x) \\ v_1'(x) & v_2(x) \end{vmatrix} + \begin{vmatrix} u_1(x) & u_2'(x) \\ v_1(x) & v_2'(x) \end{vmatrix}$$
と表されることを示せ.

## 中心差分と微分可能性

$f(x)$ が $x=a$ において微分可能なら，**中心差分**
$$\frac{f(a+h)-f(a-h)}{2h} \tag{1}$$
の $h\to 0$ のときの極限値も存在して $f'(a)$ である．このようにすると比較的大きな $h$ でも $f'(a)$ のよい近似値が計算できる．もっと一般に $\alpha,\beta$ を相異なる（負でもよい）定数とするとき，「偏った中心差分」の極限も
$$\lim_{h\to 0}\frac{f(a+\alpha h)-f(a+\beta h)}{(\alpha-\beta)h}=f'(a) \qquad (\alpha\ne\beta) \tag{2}$$
である．

逆に(1)の $h\to 0$ とした極限値が存在しても，$f(x)$ は $x=a$ で微分可能とは限らない．簡単な反例は $f(x)=|x|$ の $x=0$ である．

では(2)のような偏った中心差分のときはどうか．$|x|$ は反例にならない．じつは $\alpha\ne\beta$，$\alpha+\beta\ne 0$ ならば，$f(x)$ が連続とするとき，(2)の左辺の極限値 $L$ が存在すれば，$f(x)$ は $x=a$ で微分可能になる．

この事実は細かい結果であり，入門第一課として特に必要な定理ではないが，在来の教科書にほとんど見かけないので，一応証明を与えておく．

$|\alpha|>|\beta|$ と仮定してよい．$\alpha h$ を $h$ に置き換えれば，$\alpha=1$，$|\beta|<1$ としてよい．$\beta<0$ なら，次のようにして $\beta^2$ に帰着できるから $0<\beta<1$ としてよい．すなわち

$$(1+\beta)\frac{f(a+h)-f(a+\beta h)+f(a+\beta h)-f(a+\beta^2 h)}{(1-\beta^2)h}$$
$$=\frac{f(a+h)-f(a+\beta h)}{(1-\beta)h}+\beta\frac{f(a+\beta h)-f(a+\beta^2 h)}{(1-\beta)\beta h}$$
$$\to L+\beta L.$$

ゆえに $\dfrac{f(a+h)-f(a+\beta^2 h)}{(1-\beta^2)h} \to L$.  □

さらに $f(x)-Lx$ を考えれば，$L=0$ としてよい．したがって任意の正の（小さい）数 $\varepsilon$ に対して，$h$ がある限界 $h_0$ 以下ならば
$$|f(a+h)-f(a+\beta h)| < \varepsilon |h| \qquad (3)$$
である．$h$ に $\beta h, \beta^2 h, \cdots$ を代入した式を作って加えると，$k$ を正の整数として
$$|f(a+h)-f(a+\beta^k h)| < \varepsilon |h|(1+\beta+\beta^2+\cdots+\beta^{k-1})$$
$$< \frac{\varepsilon |h|}{1-\beta} \qquad (4)$$
である．(4)の右辺は $k$ に無関係だから，$k\to\infty$ とすると $\beta^k\to 0$ となり，$f$ は連続なので $f(a+\beta^k h)\to f(a)$ となる．ゆえに(4)から $|h|<h_0$ なら
$$|f(a+h)-f(a)| \leq \frac{\varepsilon |h|}{1-\beta}$$
を得る．$1-\beta$ は定数だから，これは $h\to 0$ のとき差分商 $\to 0$，すなわち $f(x)$ が $x=a$ で微分可能で，$f'(a)=0$ を意味する．□

# 第6章 微分の計算

曲線の長さ

本章ではいわゆる初等超越関数の微分法の公式を扱う．公式が導かれた後には，それらを機械的に適用すればよいが，最初の導出に極限の考案がいるのでそれから始める．

## 6.1 三角関数に関する極限

1° 弧度法　三角関数については既知とする．ただし通例はその変数を60進の度で表すが，その表現で微分を考えると，値が小さくなりすぎる．たとえば，$\sin\theta, \theta°$(度)の数値は表6.1のとおりであり，$2°$での微分係数の値は

表 6.1

| | |
|---|---|
| 1° | 0.0174524 |
| 2° | 0.0348995 |
| 3° | 0.0533596 |

0.01744 ほどである．そしていつでも微分積分の計算にある一定の定数がかかってわずらわしい．そのために角度の単位を変えて，その定数を1にする．

角度が小さくなれば，円弧の長さと弦の長さは(共に小さくなるが)ずっと近くなる．半径1の円で $x$ 軸と $\theta$ の角をなす直線が

6.1 三角関数に関する極限   97

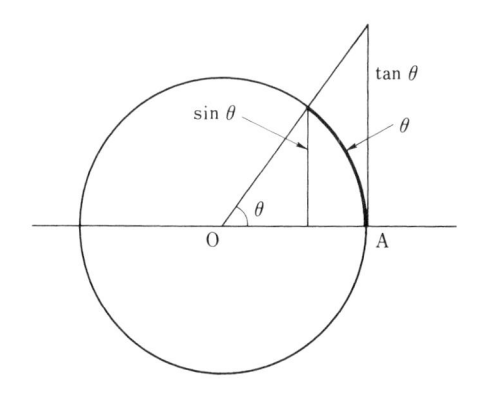

図 6.1 弧度と三角関数

円周と交わる点の $y$ 座標が $\sin\theta$, 点 $(1,0)$ で円に接する接線との交点の $y$ 座標が $\tan\theta$ であるから (図 6.1 参照), 角度 $\theta$ を円弧自体の長さで表せばよさそうである.

> **定義 6.1**  円周上で円の半径と同じ長さの弧が中心においてなす角は一定である. それを 1 ラジアンといい, これを単位として角をはかる方法を**弧度法**という.

角度は長さ・質量・時間などの単位に依存しない, いわゆる**無次元量**であって, ラジアンは「絶対的」な単位である. 微分積分学では三角関数の変数はラジアンを単位としてはかるのが便利であり, 以下そのようにする. ラジアンで表した角の場合には, 通例単位をつけず, $\alpha$ ラジアンの角を単に $\alpha$ の大きさの角という.

半円周は $\pi$ ラジアンで, それが $180°$ に対応するから, 1 ラジアンを度で表すと

## 98　第6章　微分の計算

$$1 \text{ ラジアン} = \frac{180°}{\pi} = 57°17'44.80625'' \tag{1}$$

である．逆に度，分，秒をラジアンで表すと

$1° = 0.0174532925199$ ラジアン

$1' = 0.0002908820866$ ラジアン　およそ $0.0^3 3$

$1'' = 0.0000048481368$ ラジアン　およそ $0.0^5 5$

となる．ここで $0.0^3 3$ とは小数点の後に 0 を 3 つ並べてから 3 をおくという意味であり，このように表すと覚えやすいだろう．

**注意 1**　上記では念のためにラジアンと明記しておいた．$180° = \pi$ ラジアンは正しいが，これを $180 = \pi$ と略記したら混乱のもとだろう．それはあたかも今日のレート 1 ドル $= 129.4$ 円を $1 = 129.4$ と記すような略記である．

ラジアンで表すと，たとえば次のようになる．

$$1 \text{直角} = 90° = \frac{\pi}{2}, \quad 2 \text{直角} = 180° = \pi, \quad 4 \text{直角} = 360° = 2\pi,$$

$$60° = \frac{\pi}{3}, \quad 45° = \frac{\pi}{4}.$$

このように記号で書いているうちはよいが，数値計算にあたっては，たとえば

$$\frac{\pi}{2} = 1.5707963268 \quad (\text{直角})$$

といった半端な値が現れて，必ずしも便利でないことを注意しておく．

**問 6.1**　次の角度をラジアンで表現すると，どのように表されるか．
（ i ）　$120°$　　（ ii ）　$135°$　　（iii）　$40°$　　（iv）　$22.5°$

6.1 三角関数に関する極限　*99*

2° $\dfrac{\sin x}{x}$ の極限値　さてラジアン単位で表した三角関数の微分法に関する基本定理は，次の極限値である．

> **定理 6.1** $\displaystyle\lim_{x \to 0} \dfrac{\sin x}{x} = 1.$

**注意 2** 念のために計算機で数値を計算してみると表 6.2 のようになり，$x$ が 0 に近づくとき，この値は急激に 1 に近づく．なおこの数値を眺めると，$x$ が十分小さいときの近似値が $1 - \dfrac{x^2}{6}$ と予測される．これは正しいが，テイラー展開の入門であって，「第二課」の話題とする．

表 6.2

| $x$ | $\dfrac{\sin x}{x}$ |
|---|---|
| 1 | 0.841470984808 |
| 0.1 | 0.998334166468 |
| 0.01 | 0.999983333417 |
| 0.001 | 0.999999833333 |
| 0.0001 | 0.999999998333 |

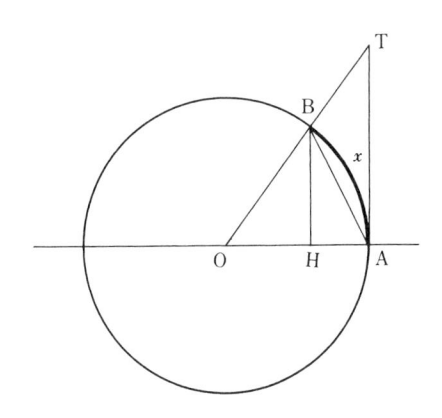

図 6.2　定理 6.2 の証明

定理 6.1 において，問題の関数は偶関数だから，それを証明す

るには, $x>0$ で $x\to 0$ となるときを論じれば十分である. そのために, 次の定理を示す.

> **定理 6.2** $0<x<\dfrac{\pi}{2}$ (直角) において
> $$\sin x < x < \tan x. \tag{2}$$

**証明** 図 6.2 において円の半径を 1 とすると, 弧 $\overset{\frown}{AB}=x$ であり
$$\sin x = \overline{BH} \leqq \overline{AB} < \overset{\frown}{AB} = x$$
である. $x<\tan x$ すなわち $\overset{\frown}{AB}<\overline{AT}$ は別掲の囲み記事 (102 ページ) のように, 曲線の長さの考察によって厳密に証明できるが, 実用的には面積を比較して
$$\frac{x}{2} = (\text{扇形 OAB の面積}) < (\triangle \text{OAT の面積}) = \tan\frac{x}{2}$$
(扇形 OAB の面積は中心角に比例し, $x=2\pi$ のとき $\pi$.)
と考えるのがよい. ☐

**定理 6.1 の証明** (2) から $0<x<\dfrac{\pi}{2}$ において
$$1 > \frac{\sin x}{x} > \cos x \tag{3}$$
を得る. $x\to 0$ とすれば, $\cos x\to 1$ となる. このときは両者の間にはさまれた $\dfrac{\sin x}{x}$ も 1 に近づく. ☐

> **系** $\displaystyle\lim_{x\to 0}\frac{1-\cos x}{x}=0.$ $\tag{4}$

**証明** $(1-\cos x)(1+\cos x) = 1-\cos^2 x = \sin^2 x$ に注意すると

$$\frac{1-\cos x}{x} = \frac{\sin^2 x}{(1+\cos x)x}$$

$$= \frac{\sin x}{1+\cos x} \cdot \frac{\sin x}{x}$$

である．$x \to 0$ のとき右辺の第1項は分母が2，分子が0に近づき，第2項は1に近づくから全体として0に近づく．なおこの証明から，(4)はさらに詳しく

$$\lim_{x \to 0} \frac{1-\cos x}{x^2} = \frac{1}{2} \qquad (5)$$

となることも同時に示されている．□

**問 6.2** $x \to 0$ のとき，$\dfrac{\tan x}{x}$，$\dfrac{\tan x - \sin x}{x^2}$ の極限値は何か．

## 6.2 三角関数の微分

**1° $\sin x$ の微分** ラジアン変数の $\sin x$ を微分する．加法定理により

$$\frac{\sin(x+h)-\sin x}{h} = \frac{1}{h}[\sin x \cdot \cos h + \cos x \cdot \sin h - \sin x]$$

$$= -\frac{1-\cos h}{h} \cdot \sin x + \frac{\sin h}{h} \cdot \cos x \qquad (1)$$

と変形できる．前節の定理6.1とその系により，$h \to 0$ のとき $\dfrac{\sin h}{h} \to 1$, $\dfrac{1-\cos h}{h} \to 0$ だから，$h \to 0$ とすると，(1)の右辺は $\cos x$ に近づく．すなわち

$$(\sin x)' = \cos x \qquad (2)$$

である．□

## 曲線の長さ

現代の数学では，曲線の長さは，それに内接する折れ線の長さの上限として定義する．この定義から，$x=f(t)$, $y=g(t)$, $a \leq t \leq b$ ($f, g$ は微分可能で $f', g'$ は連続) と表される曲線の長さが，定積分

$$\int_a^b \sqrt{[f'(t)]^2 + [g'(t)]^2}\, dt \tag{1}$$

で表されることは，比較的容易に証明できる．しかし目下の段階では，具体的に(1)がきれいに計算できる例に乏しいので，結果のみをあげておく．

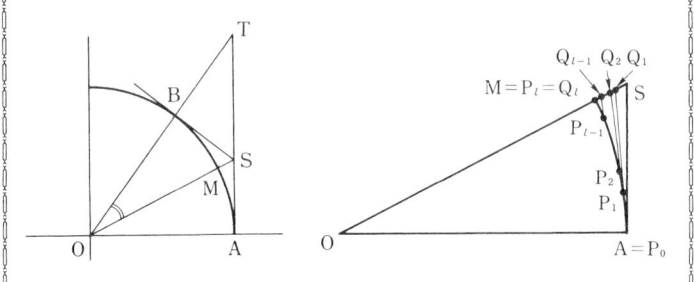

$x < \tan x$ の証明

図 6.A　　　　　図 6.B

ここでの課題は，この定義から，$0 < x < \dfrac{\pi}{2}$ のとき $x < \tan x$ を直接に示すことである．半径 1 の円 O の周上に長さ $x$ の弧 AB をとる．A での円の接線と，OB の延長および B での円の接線の交点をそれぞれ T, S とする．$\overline{\mathrm{AT}} = \tan x$ である．また $\overline{\mathrm{ST}} > \overline{\mathrm{SB}}$ である．この両辺の差 $\delta$ は一定の正の値である (図 6.A)．

「上限」の性質から，全体の長さが $x - \delta$ より長いような，弧 AB に内接する折れ線がある．接点の数が増せば，折れ線は長く

なるから，OS と $\overparen{AB}$ の交点（$\overparen{AB}$ の中点）M が接点の 1 つであり，さらに全体が OM について対称としてよい．そのようにして改めて A と M の間の接点の列を $P_0=A, P_1, P_2, \cdots, P_l=M$ とする．これから

$$\overline{P_0P_1}+\overline{P_1P_2}+\cdots+\overline{P_{l-1}P_l}>\frac{x-\delta}{2} \quad (2)$$

である．さて $P_0P_1, P_1P_2, \cdots, P_{l-1}P_l$ の延長が OS と交わる点を順次 $Q_1, Q_2, \cdots, Q_l$ とする．$Q_l=P_l$ である．$S=Q_0$ とすると，これらの点が $Q_0, Q_1, Q_2, \cdots, Q_l$ の順に外側から並ぶことに注意する（図 6.B；これは円弧が外側に凸という性質による）．

$\angle P_{l-1}Q_lS$ は鈍角であり，$\angle P_{k-1}Q_kS$ ($k=l-1, l-2, \cdots, 1$) は外側に進むほど大きくなるから，$\overline{P_{k-1}Q_k}<\overline{P_{k-1}Q_{k-1}}$ ($k=l, l-1, \cdots, 1$) が成立する．他方 $\overline{P_{k-1}Q_k}=\overline{P_{k-1}P_k}+\overline{P_kQ_k}$ ($k=l, l-1, \cdots, 1$) である．ゆえに一連の不等式

$$\overline{P_{k-1}P_k}+\overline{P_kQ_k}<\overline{P_{k-1}Q_{k-1}} \quad (k=l, l-1, \cdots, 1) \quad (3)$$

が成立する．これらを加えて共通項を消すと

$$\frac{x-\delta}{2}<\sum_{k=1}^{l}\overline{P_{k-1}P_k}<\overline{P_0Q_0}=\overline{AS} \quad (\overline{P_lQ_l}=0)$$

となる．これを 2 倍すれば，対称性により $\overline{AS}=\overline{BS}$ なので

$$x<\delta+2\overline{AS}=2\overline{AS}+\overline{ST}-\overline{BS}=\overline{AT}=\tan x$$

となり，$x<\tan x$ が証明できた．□

**付記** 曲線が曲がりくねっていれば，狭い範囲にも長い曲線があり得る．本章のカットはそれを象徴的に示したイラストである．

ひとたび(2)が得られれば,この後はこれが基本公式となり,もはや極限値に関する考察は不必要になる.

なお $\cos x = \sin\left(x+\dfrac{\pi}{2}\right)$ だから,(2)は

$$(\sin x)' = \sin\left(x+\frac{\pi}{2}\right) \qquad (2')$$

と書くこともできる.本書では扱わないが,高階導関数を扱うときには,この形の方が便利である.

**注意** (1)の左辺から(2)を導く計算方式は多数ある.伝統的には sin の差を積に直す公式によるのが標準とされているが,そのためにわざわざ余分の公式を用意しておくのがわずらわしい.上記の方法によれば,加法定理だけですむ.

極限値を求めるだけなら,中心差分 $\dfrac{f(x+h)-f(x-h)}{2h} \to f'(x)$ を利用し

$$\frac{\sin(x+h)-\sin(x-h)}{2h} = \frac{2\cos x \sin h}{2h}$$
$$= \cos x \cdot \frac{\sin h}{h} \to \cos x$$

とするのが簡単だが,これだけでは $\sin x$ が微分可能であることを証明していない難点がある.

2° **他の三角関数の微分** $\sin x$ の導関数がわかれば,他の三角関数の導関数は,すべてそれから導くことができる.

$\cos$ は $\sin$ を $x$ 軸にそってずらしたものである:

$$\cos x = \sin\left(x+\frac{\pi}{2}\right).$$

したがって

$$(\cos x)' = \left(\sin\left(x+\frac{\pi}{2}\right)\right)' = \cos\left(x+\frac{\pi}{2}\right) = -\sin x \qquad (3)$$

である．

**問 6.3** $\cos x$ の導関数を，(1)にならって直接に求めよ．

$\tan$ は $\sin$ と $\cos$ の商であるから，商の微分の公式で計算できる：

$$(\tan x)' = \left(\frac{\sin x}{\cos x}\right)' = \frac{\cos x \cdot (\sin x)' - \sin x \cdot (\cos x)'}{\cos^2 x}$$

$$= \frac{1}{\cos^2 x}[(\cos x)^2 + (\sin x)^2] = \frac{1}{\cos^2 x}. \qquad (4)$$

この右辺はまた $1+\tan^2 x$ とも書くことができる．この方がよく使われる．

**例 6.1** $f(x) = \dfrac{1}{\tan x} = \dfrac{\cos x}{\sin x}$ の導関数は

$$f'(x) = \frac{\sin x \cdot (-\sin x) - \cos x \cdot \cos x}{\sin^2 x}$$

$$= -\frac{\sin^2 x + \cos^2 x}{\sin^2 x} = -\frac{1}{\sin^2 x}.$$

これはまた $-\left(1+\dfrac{1}{\tan^2 x}\right) = -[1+(f(x))^2]$ と書いてもよい．$\tan x$ と似ているのは偶然でない．$\dfrac{1}{\tan x} = \tan\left(\dfrac{\pi}{2}-x\right)$ という関係から自然に導かれる．

**問 6.4** $\dfrac{1}{\cos x}$, $\dfrac{1}{\sin x}$ の導関数を求めよ．

3° **逆三角関数** まず**逆三角関数**について一言しておく．

$y=\sin x$ は周期関数だから，同じ値をあちこちでとる．しかしラジアン変数にして定義域を $-\dfrac{\pi}{2} \leq x \leq \dfrac{\pi}{2}$ に限定すれば，そこでは狭義の増加関数であって，その値域は $-1 \leq y \leq 1$ である．したがって $-1 \leq x \leq 1$ においてその逆関数 $\left(\text{値域は}\left[-\dfrac{\pi}{2},\ \dfrac{\pi}{2}\right]\right)$

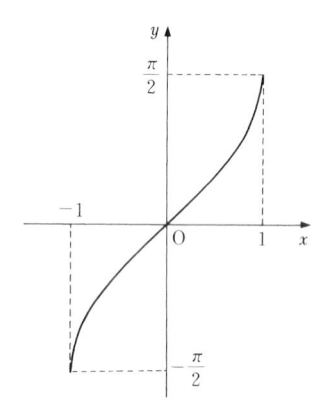

図 6.3 逆正弦関数

arcsin $x$ が定義できる[†]. これを**逆正弦関数**という(詳しくはその「主値」である). だいたいのグラフを図 6.3 に示した.

$-\dfrac{\pi}{2}<x<\dfrac{\pi}{2}$ では $(\sin x)' = \cos x >0$ だから, $\cos x = \sqrt{1-\sin^2 x}$ と書いてよい. したがって arcsin $x$ も微分可能である. その導関数は $y=\sin x$ として

$$\frac{\mathrm{d}\arcsin y}{\mathrm{d}y} = \frac{1}{\dfrac{\mathrm{d}y}{\mathrm{d}x}} = \frac{1}{\cos x} = \frac{1}{\sqrt{1-\sin^2 x}} = \frac{1}{\sqrt{1-y^2}} \quad (5)$$

である. 変数を $x$ に直せば $(\arcsin x)' = \dfrac{1}{\sqrt{1-x^2}}$ である.

同様に $y=\tan x$ も, 定義域を $-\dfrac{\pi}{2}<x<\dfrac{\pi}{2}$ に限定すれば, そ

---

[†] イギリス流では $\sin^{-1} x$ だが, この記号は $\sin x$ の逆数 $(\sin x)^{-1}$ とまぎれやすいので, 避けることにする. また本書では主値しか使わないので, 特に主値を表す別種の記号を使わない.

## 6.2 三角関数の微分

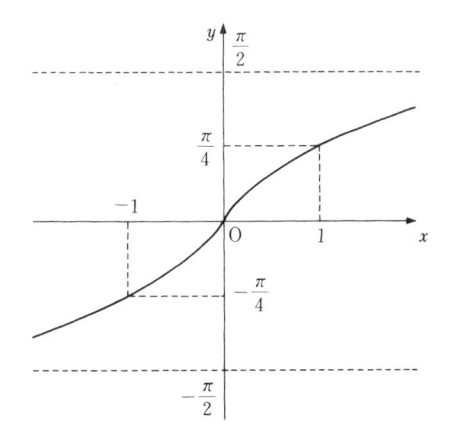

図 6.4 逆正接関数

こでは狭義の増加関数であって，その値域は全実数の範囲だから，全実数に対してその逆関数 arctan $x$ が定義できる．これを**逆正接関数**(詳しくはその主値)という．だいたいのグラフは図 6.4 のとおりである．

その導関数は，$y=\tan x$ のとき，$y'=1+\tan^2 x$ に注意すると

$$\frac{d \arctan y}{dy}=\frac{1}{\dfrac{dy}{dx}}=\frac{1}{1+\tan^2 x}=\frac{1}{1+y^2} \qquad (6)$$

となる．変数を $x$ に直せば，$(\arctan x)'=\dfrac{1}{1+x^2}$ である．逆三角関数が微分積分学で必要なのは，$\dfrac{1}{\sqrt{1-x^2}}$ や $\dfrac{1}{1+x^2}$ といった簡単な関数の不定積分中に現れるためである．

ところで arcsin $x$ と arctan $x$ とは無関係ではない．$y=\sin x$

とすれば，$-\frac{\pi}{2}<x<\frac{\pi}{2}$ では $\cos x>0$ で

$$\cos x=\sqrt{1-\sin^2 x}=\sqrt{1-y^2}, \quad \tan x=\frac{y}{\sqrt{1-y^2}}$$

である．したがって両者は

$$x=\arcsin y=\arctan \frac{y}{\sqrt{1-y^2}} \tag{7}$$

という関係式で結ばれる．

$\cos x$ は $0\leqq x\leqq \pi$ で狭義の単調減少で値域が $-1\leqq y\leqq 1$ なので，逆余弦関数 $\arccos x$ は，$-1\leqq x\leqq 1$ で値が $\pi$ から $0$ への減少関数として定義できるが，このときつねに

$$\arcsin x+\arccos x=\frac{\pi}{2} \tag{8}$$

だから，特に新しい関数を導入する必要はない．

**問 6.5** $(\arctan x)'=\frac{1}{1+x^2}$ を知り，(7)を $\arcsin x$ の定義とみなして，合成関数の微分の計算により $(\arcsin x)'$ を求めよ．

## 6.3 指数関数の微分

$a$ を $1$ でない正の定数とするとき，$y=a^x$ が**一般の指数関数**である．$0<a<1$ のときには，$a^x=\left(\frac{1}{a}\right)^{-x}$ だから，その微分可能性を論じるには，$a>1$ の場合だけを考えれば十分である．

指数関数は加法定理 $a^{u+v}=a^u\cdot a^v$ をみたすから，その差分商は

$$\frac{a^{x+h}-a^x}{h}=\frac{a^x\cdot(a^h-1)}{h} \tag{1}$$

となる．したがって $h \to 0$ としたときの極限値，すなわち $x=0$ での微分係数

$$m_a = \lim_{h \to 0} \frac{a^h - 1}{h} \qquad (2)$$

の存在がわかれば，$a^x$ はいたるところで微分可能であり

$$\frac{\mathrm{d}(a^x)}{\mathrm{d}x} = m_a \cdot a^x \qquad (3)$$

となる．$m_a$ は $a$ で定まる定数である．

様子をみるために，$a=2, 3$ について電卓を利用して，(2)の差分商の数値を計算した例を表6.3に示す．ただしこの計算を実行するには，いくつかの「不安定性」があり，正しい数値を求めるには工夫がいることを注意しておく．また極限値の $m_a$ は別に(後述)計算したものである．

この例でみると，いつでも(2)の極限値が存在するように思われる．実際次の定理が成立する．

表6.3 $\dfrac{a^h - 1}{h}$

| $h$ | $a=2$ | $a=3$ |
|---|---|---|
| 1 | 1 | 2 |
| 0.1 | 0.7177346254 | 1.1612317403 |
| 0.01 | 0.6955550057 | 1.1046691938 |
| 0.001 | 0.6933874626 | 1.0992159842 |
| 0.0001 | 0.6931712038 | 1.0986726383 |
| 0.00001 | 0.6931495828 | 1.0986183234 |
| $m_a$ | 0.6931471806 | 1.0986122887 |

**定理 6.3**　(2)の極限値が存在する. $m_a$ の値は $a=1$ のとき 0 であり, $a$ が大きくなれば限りなく大きくなる.

この前半が本質的だが, 証明は別項囲み記事にゆずる. それは極限の値が明確でない形の極限値の「存在」証明という手法が,「第一課」の課題として異質であり, 学習の大障害になりがちだからである. 最初は存在証明よりも存在を当然の前提として, 公式(3)による計算に重点をおくのが適切という判断である.

後半については, 次の諸事実に注意しよう：

（ⅰ）　$a=1$ なら $1^x=1$（定数）だから, $x=0$ での微分係数 $m_1$ は 0 である.

（ⅱ）　$a>1$ なら $m_a>0$. $a^x$ が増加関数だから, $m_a \geqq 0$ だが, もし $m_a=0$ ならば, $a^x$ の導関数はいたるところ 0 になり, $a^x$ は定数という矛盾を生じる.

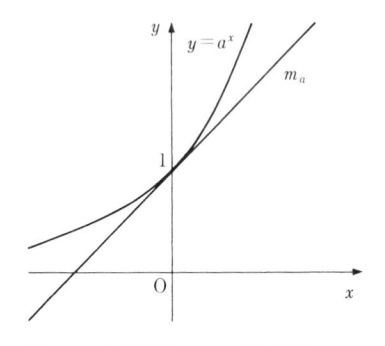

図 6.5　指数関数とその微分係数

### 指数関数の微分可能性

$a>1$ を定数とする．$x$ に関する関数 $a^x$ は連続であり，$u \neq v$ なら

$$\frac{a^u+a^v}{2} > a^{\frac{u+v}{2}}$$

だから，第4章囲み記事の意味で凸関数である．したがってそこで述べたとおり，差分商

$$\frac{a^u-1}{u} \tag{1}$$

は $u$ について単調増加である．

本書では特に明示しなかったが，**実数の連続性**の1つの表現形式として，次の命題がある．

> $u$ が増加して $c$ に近づくとき，単調増加で上に有界（$u$ に無関係な限界を超えない）関数 $f(u)$ は，ある一定の値にいくらでも近づく．

さて(1)で $u$ を負の値から0に近づければ，(1)は $u$ を正の一定値とした値（たとえば $u=1$ に対する $a-1$）を超えないから，(1)はある値 $m_a^-$ に近づく．同様にして $u$ を正の方から0に減少させれば，(1)は下に有界（たとえば $u=-1$ に対する $1-a^{-1}$ より大）だから，ある値 $m_a^+$ に近づき，$m_a^+ \geq m_a^-$ である．

次に正の定数 $c$ をとると，凸関数の性質（第4章囲み記事）から，$0<u<c$ のとき

$$\frac{a^u-1}{u} < \frac{a^c-1}{c} < \frac{a^c-a^u}{c-u} = a^u \frac{a^{c-u}-1}{c-u} \tag{2}$$

である．(2)で $u$ を正の方から0に近づければ，(2)の左辺は減少して $m_a^+$ に近づく．他方 $u$ を $c$ より小さい方から $c$ に近づければ，(2)の右辺は $a^c \cdot m_a^-$ に近づき

$$m_a{}^+ < \frac{a^c-1}{c} < a^c \cdot m_a{}^-$$

となる．すなわち $m_a{}^+ < a^c \cdot m_a{}^-$ である．ここで $c \to 0$ とすれば，$m_a{}^+ \leqq m_a{}^-$ を得る．

したがって $m_a{}^- = m_a{}^+$ となる．これを $m_a$ とおくことにすれば，$u \to 0$ としたときの(1)の極限値は，左右両方が一致して $m_a$ となる．これは

$$\lim_{u \to 0} \frac{a^u - 1}{u} = m_a$$

が存在することであり，$a^x$ の微分可能性が証明できた．□

歴史的な経路は，これとはまったく違う．対数の導入により $\lim_{n \to \infty}\left(1+\frac{1}{n}\right)^n$ の存在がわかり，それを定数 e と定義した．それから e を底とする指数関数，対数関数が導入され，累乗関数が定義できる．そして $\lim_{n \to \infty}\left(1+\frac{1}{n}\right)^n$ が単調に e に近づくことから，連続変数 $x$ についても $\lim_{x \to \infty}\left(1+\frac{1}{x}\right)^x = e$ が証明できる．それを使って $\lim_{h \to 0} \frac{e^h - 1}{h} = 1$ が示される．ゆえに $(e^x)' = e^x$ となる．

この伝統的な経路は，感覚的には自然だが，厳密な証明が繁雑であることや，$\left(1+\frac{1}{n}\right)^n \to e$ の収束の速さ(極限へ近づく速さ)が遅く，数値的に見せるのが難しい点などの欠点がある．そのため現在では次第に敬遠されつつあるような気がする．

なお e の近似値計算には級数 $1 + \frac{1}{1!} + \frac{1}{2!} + \cdots + \frac{1}{n!} + \cdots$ が格段に優れている．この公式はテイラー展開の例として第二課で論じる．

(iii) 定数 $m_a$ は $a$ について単調増加である. そして $m_{a^2}=2m_a$ である. それは次のようにして示される.

$$m_{a^2}=\lim_{h\to 0}\frac{(a^2)^h-1}{h}$$
$$=2\lim_{h\to 0}\frac{a^{2h}-1}{2h}=2m_a.$$

(ii)と(iii)とにより,ある定数 $a>1$ から始めて $a^2, a^4, a^8, \cdots$ とすれば, $m$ の値は当初の $m_a>0$ の 2 倍, 4 倍, 8 倍, $\cdots$ となるから, いくらでも大きくなる. □

$m_a$ の値は $a$ と共に連続的に増加する. したがってどこかにちょうど

$$m_{\mathrm{e}}=1 \qquad (4)$$

となるような値 $a=\mathrm{e}$ があるはずである——表 6.3 から $2<\mathrm{e}<3$ であることがわかる——そのような値 e を底とする指数関数 $\mathrm{e}^x$ を使えば, その導関数は

$$(\mathrm{e}^x)'=\mathrm{e}^x \qquad (5)$$

と簡単になる. e を**ネピアの数**とか**自然対数の底数**とよぶ. $\mathrm{e}^x$ を $\exp(x)$ と書くことも多い(特に右上の $x$ が長い式の場合). 以後は原則として $\mathrm{e}^x$ を使い, これを単に**指数関数**[†]という.

(3)の係数 $m_a$ については次節でさらに論じる.

$y=\mathrm{e}^x$ の逆関数, すなわち e を底とする対数 $\log_\mathrm{e} x$ を**自然対数**という. 数学, 特に微分積分学では, もっぱら自然対数のみを使うので, これを単に $\log x$ と書くのが習慣である. しかし底を明記したいことがあるので, 本書では自然対数を $\ln x$ で表すこと

---

[†] 自然対数に対比して「自然指数関数」というべきと思うが, この用語は使われていないので, 使用を遠慮する.

にする†. その導関数は次節で論じる. $y=e^x$ と $y=\ln x$ のだいたいのグラフを図 6.6 に示す.

**注意** 関数 $y=e^x$ は $y'=y$, $y(0)=1$ をみたす. これは微分方程式の一例であり, ここで詳細に立ち入ることはしないが, このような関数が一通りであることに注意しておく. このような関数が $y_1(x), y_2(x)$ の 2 つあったとすると, $a$ を定数として
$$f(x)=y_1(a-x)y_2(x)$$
とおけば, これは微分可能であり, 導関数は
$$f'(x)=-y_1'(a-x)y_2(x)+y_1(a-x)y_2'(x)$$
$$=-y_1(a-x)y_2(x)+y_1(a-x)y_2(x)=0$$

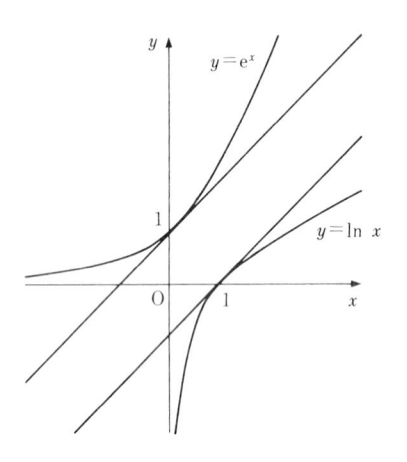

図 6.6　$y=e^x$ と $y=\ln x$ のグラフ

---

† これはヨーロッパ大陸特にドイツ系の記号である. 日本でも工学関係ではよく使われている. 純粋数学者の間では人気がないようだが, あえて使ってみた.

である.ゆえに $f(x)$ は定数であり,$f(0)=y_1(a)$ と $f(a)=y_2(a)$ とが等しい.$a$ は任意の定数であるから,これは $y_1$ と $y_2$ とが恒等的に等しいことを表す.

**問 6.6** $a$ を定数としたときの $\mathrm{e}^{ax}$ の導関数と比較して,係数 $m_a$ の正体を考察せよ.

## 6.4 対数関数の微分

1° **自然対数の微分** 対数関数 $\log_a x = y$ は指数関数 $a^y = x$ の逆関数である.したがってその導関数は,前節の記号を使って

$$\frac{dy}{dx} = \frac{1}{\frac{dx}{dy}} = \frac{1}{m_a \cdot a^y} = \frac{1}{m_a \cdot x} \tag{1}$$

である.特に $a=\mathrm{e}$ ならば,$\dfrac{d\ln x}{dx} = \dfrac{1}{x}$ である.

$a^y = x$ の両辺の自然対数をとれば,$\ln x = y \ln a$ だから

$$y = \log_a x = \frac{\ln x}{\ln a} \tag{2}$$

であり,その導関数は $\dfrac{1}{\ln a} \cdot \dfrac{1}{x}$ である.したがって(1)と比較して,前節(3)の定数 $m_a$ は $\ln a$ に等しいことがわかる.以後は原則として自然対数 $\ln$ だけを使い,他の対数は自然対数に換算して使うことにする.

**注意** $\ln a = \lim_{h \to 0} \dfrac{a^h - 1}{h} = \lim_{n \to \infty}(a^{2^{-n}} - 1)2^n$ という極限を,かつて(17世紀)ブリッグスが対数表を作ったときに使ったことがある.具体的な計算は

$$a_n = (a^{2^{-n}} - 1)2^n \ \text{を}\ a_1 = (\sqrt{a} - 1)2,\ a_{n+1} = \frac{2a_n}{\sqrt{1 + a_n \cdot 2^{-n}} + 1}$$

の形の漸化式で計算して,さらに巧妙な「収束の加速」を施す($a_n$ のま

までは $2^{-n}$ 程度の誤差があるからそのままで 6 桁出すには $a_{20}$ まで反復を要する). 例として $\ln 2, \ln 3$ の初めの方を表 6.4 に示す. 対数の数値が自然対数であることに注意する.

**表 6.4** 上の数列 $a_n$ の例

| $a$ | 2 | 3 |
| --- | --- | --- |
| $a_1$ | 0.828427 | 1.464102 |
| $a_2$ | 0.756828 | 1.264296 |
| $a_5$ | 0.700709 | 1.117689 |
| $a_{10}$ | 0.693382 | 1.099202 |
| 極限値 | 0.693147 | 1.098612 |

ところで $\ln x$ はもちろん $x>0$ でしか定義されていない. 他方 $\ln(-x)$ は $x<0$ でしか定義されないが, その導関数は

$$\frac{\mathrm{d}\ln(-x)}{\mathrm{d}x} = -\frac{1}{-x} = \frac{1}{x}$$

である. したがって $x \neq 0$ において, 両者を合わせて

$$\frac{\mathrm{d}\ln|x|}{\mathrm{d}x} = \frac{1}{x} \tag{3}$$

と書くことができる. 逆に $\frac{1}{x}$ の不定積分は

$$\int \frac{1}{x}\mathrm{d}x = \ln|x| + C \tag{4}$$

とするのが普通である. ただし(4)は一種の略記法であって, 本当は

$$\int \frac{1}{x}\mathrm{d}x = \begin{cases} x>0 \text{ で } \ln x + C_1 \\ x<0 \text{ で } \ln(-x) + C_2, \end{cases} \tag{5}$$
$C_1$ と $C_2$ は別々の積分定数

## 6.4 対数関数の微分

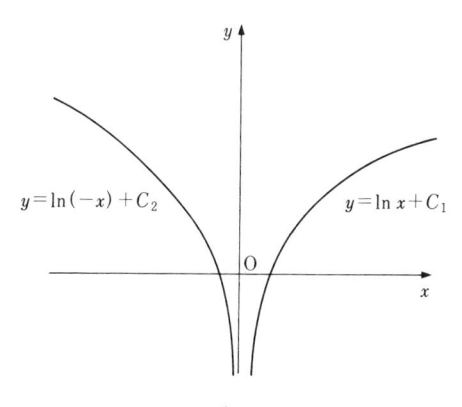

図 6.7 　$\dfrac{1}{x}$ の原始関数

なのである．しかし，被積分関数の分母が 0 になって積分が定義されなくなる特異点 $x=0$ を含まないような区間においては，(5) のいずれか一方のみが成立するので，(4) の形に書いて定積分を計算しても正しい．他方 $x=0$ を含む区間では $\dfrac{1}{x}$ は積分可能でなく，そのような区間の定積分はそのままでは無意味なので，(5) のように正しく書いても繁雑なだけである．このような事情を心得た上で，略記法 (4) を使うことにする．

2° **対数微分などの応用**　$f(x)\neq 0$ ならば，$\ln|f(x)|$ の導関数は $\dfrac{f'(x)}{f(x)}$ となる．これを**対数微分法**という．この応用として 5.2 節で述べた積の微分公式を見直そう．

$f_1(x),\cdots,f_n(x)$ がすべて 0 にならなければ

$$(\ln|f_1(x)\cdots f_n(x)|)' = \frac{(f_1(x)\cdots f_n(x))'}{f_1(x)\cdots f_n(x)} \qquad (6)$$

である．一方(6)の左辺は

$$(\ln|f_1(x)|+\cdots+\ln|f_n(x)|)' = (\ln|f_1(x)|)'+\cdots+(\ln|f_n(x)|)'$$
$$= \frac{f_1'(x)}{f_1(x)}+\cdots+\frac{f_n'(x)}{f_n(x)}$$

に等しい．これを(6)の右辺に等しいとしたのが，5.2節の公式(3)である．

**例 6.2** $f(x)=x^x=\exp(x\ln x)$ の導関数を求める．
$$f'(x)=\exp(x\ln x)\cdot\left[x\cdot\frac{1}{x}+\ln x\right]=x^x(1+\ln x).$$

**例 6.3** $f(x)=\ln(x+\sqrt{x^2+1})$ の導関数を求める．
$$f'(x)=\frac{1}{x+\sqrt{x^2+1}}\left[1+\frac{2x}{2\sqrt{x^2+1}}\right]$$
$$=\frac{x+\sqrt{x^2+1}}{(x+\sqrt{x^2+1})\sqrt{x^2+1}}=\frac{1}{\sqrt{x^2+1}}.$$

**問 6.7** $f(x)=\ln(x-\sqrt{x^2-1})\ (x>1)$ を微分せよ．

3° 一般の累乗 $x^a\ (x>0)$ は，$\exp(a\ln x)$ の略記である．その導関数は

$$(x^a)' = \exp(a\ln x)\cdot\frac{a}{x} = x^a\cdot\frac{a}{x} = ax^{a-1} \qquad (7)$$

となる．これで $f(x)=x^a$ のとき $f'(x)=ax^{a-1}$ という公式が，任意の実数指数 $a$ について正しいことが確かめられた．

最後にまとめとして，本章で計算したいくつかの導関数を，原始関数をみつけるのに便利なように整理してまとめてみる．

表6.5 いくつかの関数の不定積分

| $f(x)$ | $f(x)$ の原始関数 |
| --- | --- |
| $x^a \quad (a \neq -1)$ | $\dfrac{x^{a+1}}{a+1}$ |
| $\dfrac{1}{x}$ | $\ln|x|$ |
| $\dfrac{1}{1+x^2}$ | $\arctan x$ |
| $\dfrac{1}{\sqrt{1-x^2}}$ | $\arcsin x$ |
| $e^x$ | $e^x$ |
| $\sin x$ | $-\cos x$ |
| $\cos x$ | $\sin x$ |
| $1+\tan^2 x = \dfrac{1}{\cos^2 x}$ | $\tan x$ |

## 第6章の演習問題

1. 次の関数を微分せよ.
 (ⅰ) $\sin x \cdot \cos x$ (ⅱ) $\exp(-x^2)$ (ⅲ) $\ln(x+\sqrt{x^2-1})$
 (ⅳ) $x \ln|x|$ (ⅴ) $e^x \sin x$ (ⅵ) $\ln|\tan x|$
2. 6.3節で導入した e は $\int_1^e \dfrac{dx}{x} = 1$ であるような積分の上端であることを示せ.
*3. 2を利用して評価 $2.5 < e < 3$ を導け.
4. $x \neq 0$ なら $e^x > 1+x$ であることを証明せよ.
5. $y = \exp x$ のグラフと $y = \ln x$ のグラフ(図6.6参照)との最短距離を求めよ.
*6. $y' = y, \ y(0) = 0$ をみたす関数 $y$ は恒等的に 0 であることを直接に示せ.
*7. 一直線の海岸 $l$ から少し内側の A にいた監視員が, 斜め沖の B で溺れている人を見つけた(図6.8). 監視員はただちに救助にか

けつけた．彼が陸上で走る速度は海で泳ぐ速度の 5 倍である．溺れている人のところに最短時間で行きつくには，どこで海に入ればよいか．またその最適点を X とし，X で $l$ にたてた垂線を PQ とするとき，$\sin(\angle \mathrm{AXP}) = 5 \sin(\angle \mathrm{BXQ})$ という「屈折の法則」が成立することを示せ．

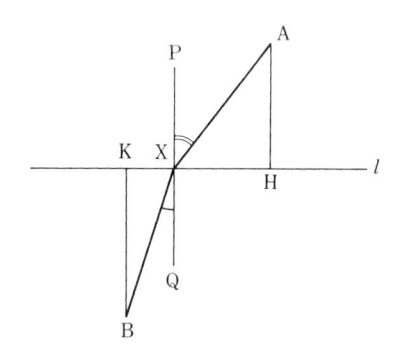

図 6.8 屈折の法則

# 第7章 積分の計算のための準備

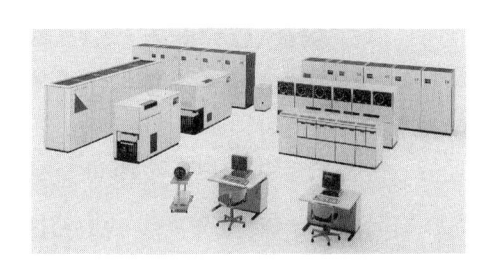

本章では,次章で必要な基本公式,特に多項式代数に関する準備をする.このような内容に習熟している読者は,ここをとばして,必要に応じて参照するので十分である.

## 7.1 多項式の除法

多項式(整式)とは,$a_n, \cdots, a_0$(**係数**)を定数として
$$A(x) = a_n x^n + a_{n-1} x^{n-1} + \cdots + a_1 x + a_0 \qquad (1)$$
の形の式である.$a_n \neq 0$ のとき,その**次数**を $n$ といい,$n = \deg A$ で表す.0でない定数の次数は 0, 0 の次数は $-\infty$ と約束する.

本章では多項式を大文字で,係数を対応する小文字で,そして $x^k$ の係数を $a_k$ というように書くことに統一する.厳密にいうと多項式 $A$ と関数 $A(x)$ とは別の概念だが,この章で扱うのはすべて1変数 $x$ の多項式だけであり,混乱が生じなければ,$A(x)$ を $A$ と略記することが多い.

**注意1** 1変数の多項式は,実質的に係数列の配列 $[a_0, a_1, \cdots, a_n]$

として扱うことができる．次数に上限を設ければ，定まった長さの配列の処理として，以下の諸計算のプログラムを作ることができる．

2つの多項式の加減乗算は既知とする．次数 $m$ が $n$ 以下である第2の多項式

$$B(x) = b_m x^m + \cdots + b_1 x + b_0, \quad b_m \neq 0 \qquad (2)$$

があるとき，被除式 $A(x)$ を除式 $B(x)$ で割った商 $Q(x)$ と剰余 $R(x)$ とが

$$A(x) = B(x) \cdot Q(x) + R(x), \quad \deg R < \deg B \qquad (3)$$

という条件で，一通りに定まる．それにはまず $B(x)$ に $\dfrac{a_n}{b_m} x^{n-m}$ を乗じて $A(x)$ から引くことにより $x^n$ の項を消去し，同様の操作を反復して，$x^m$ 以上の項を順次消去すればよい．

**定義7.1** 剰余 $R(x)$ が恒等的に 0 となったときには，$A(x)$ は $B(x)$ で**割り切れる**とか，$B(x)$ は $A(x)$ を**整除する**といい，$A(x)$ を $B(x)$ の**倍式**，$B(x)$ を $A(x)$ の**約式**あるいは**因子**という．

**注意 2** (1)の形の形式的な多項式が恒等的に 0 とは，その係数がすべて 0 であることを意味する．剰余が $2x-3$ になったとき，「$x = \dfrac{3}{2}$ のとき割り切れる」などという記述は，方程式と多項式とを混同した見当違いである．

**注意 3** 多項式の整除にあたっては，定数係数を無視するのが通例である．たとえば $x^2 - 1$ は $2x + 2$ で割り切れる $\left(\text{商は } \dfrac{1}{2}x - \dfrac{1}{2}\right)$．普通には多項式を，最高次の係数が 1 になるように標準化して論じる．ただし，整数係数のときには，係数の間に 1 以外の公約数がないよう

に標準化することが多い.

**注意 4** 係数が実数値の表現(近似値)のときには,計算の誤差により,剰余の多項式の係数が絶対値の小さい数になって,0 か 0 でないかの判定に苦しむことが多い.これは数値計算では基本的な課題だが,本書の趣旨から外れるので,当面計算は厳密に実行でき,0 か否かの判定が疑問の余地なく可能,と仮定して議論を進める.

(1), (2)の係数がすべて実数あるいは有理数であり,(0 で割ることを除いて)四則計算が自由にできる場合には問題ないが,すべてが整数であって,整数係数の範囲で計算したいときには修正を要する.そのときには(1)に $b_m{}^{n-m+1}$ を乗じて計算すればよい.できれば剰余の係数を最大公約数で割って標準化する.このときには(3)を,適当な定数 $\alpha\,(=b_m{}^{n-m+1})$, $\beta$ により

$$\alpha A(x) = B(x) \cdot Q(x) + \beta R(x), \quad \deg R < \deg B \quad (3')$$

と修正することになる.区別する必要のある場合には,(3')を**擬除法**ということもある.このようにしても多項式の整除性には影響しない.

2 つの多項式 $A(x), B(x)$ に共通な因子があれば,それを $A, B$ の**公約式**という.公約式のうちもっとも次数の高いものを,**最大公約式**といい,$\mathrm{GCD}(A, B)$ で表す[†].公約式が定数しかないとき,$A, B$ は**互いに素**という.

最大公約式を求めるためには,機械的にできて効率的な算法である

---

[†] 古い本では GCM と記していた.これは Greatest Common Measure の略字である.しかし measure―約数というのは古語であり,現在ではまったく使われない.現在の数学で measure といえば,測度(面積・体積の一般化)を意味する.現在では Greatest Common Divisor,略して GCD というのが慣用なので,本書でもそれに従う.

**互除法**による.

> **定理 7.1** $A(x)$ を $B(x)$ で割り,剰余 $R(x)$ が 0 でなければ,次には除式 $B(x)$ を剰余 $R(x)$ で割る.この操作を反復すると,有限回で割り切れるが,その最後の除式が $\mathrm{GCD}(A(x), B(x))$ である.

**証明** 一般に次の性質がある:

( i ) $A(x)$ が $B(x)$ で割り切れれば,$\mathrm{GCD}(A, B) = B$.

(ii) (3)に対し $\mathrm{GCD}(A, B) = \mathrm{GCD}(B, R)$.

したがって $A$ と $B$ との最大公約式は $B$ と $R$ との最大公約式に帰する.毎回剰余の次数が除式の次数より下がるので,有限回で完了し,( i )により最終の除式が最大公約式である.☐

**問 7.1** 上の性質( i ),(ii)を証明せよ.

**例 7.1** $A(x) = x^4 - 1$, $B(x) = x^2 - x - 2$.
$A(x) = B(x)(x^2 + x + 3) + 5(x+1)$, $R(x) = x+1$ とすると $B(x) = R(x)(x-2)$. ゆえに $\mathrm{GCD}(A, B) = x+1$.

## 7.2 互除法の応用

前節の多項式(1),(2)に対して,多項式 $U(x), V(x)$ をとって
$$U(x)A(x) + V(x)B(x) = P(x) \qquad (1)$$
とした形の多項式を考える.(1)はすべて $D(x) = \mathrm{GCD}(A, B)$ の倍式であるが,$U, V$ をうまくとれば,$D(x)$ の任意の倍式 $P(x)$ にすることができる.この事実と具体的な算法を論じる.

この目的には $P(x) = D(x)$ の場合を扱えば十分である.一般の

$P(x)$ に対しては,$U_0 A + V_0 B = D$ である $U_0, V_0$ に $\dfrac{P}{D}$ を乗じればよいからである.

もし $\deg P < m+n$ のときには,さらに

$$\deg U < m, \quad \deg V < n \qquad (2)$$

とすることができる.そうするにはとにかくまず(1)をみたす $U, V$ を求め,(2)が成立しなければ $U$ を $B$ で割る:$U = B \cdot Q + U_1$, $\deg U_1 < \deg B$.そして $V_1 = V + AQ$ とおくと,$U_1 \cdot A + V_1 \cdot B = P$ である.$U_1$ の次数は $m$ 未満だが,$V_1$ の次数は,$V_1 \cdot B = P - U_1 \cdot A$ の次数が $n+m$ 未満なので,$n$ 未満である.□

もし $\deg P \geq m+n$ のときには,同様の操作で,$\deg U < m$ とすることができるが,$m+n$ 次以上の項が残るので,$\deg V < n$ とはならない.

---

**定理 7.2** $A_0(x) = A(x)$, $A_1(x) = B(x)$, $U_0(x) = 1$, $U_1(x) = 0$, $V_0(x) = 0$, $V_1(x) = 1$ とおく.互除法の操作

$$A_{i-1}(x) = A_i(x) \cdot Q_i(x) + A_{i+1}(x),$$
$$\deg A_{i+1} < \deg A_i \qquad (3)$$

のつど,そのときの商 $Q_i(x)$ を使って漸化式

$$U_{i+1}(x) = U_{i-1}(x) - U_i(x) \cdot Q_i(x),$$
$$V_{i+1}(x) = V_{i-1}(x) - V_i(x) \cdot Q_i(x) \qquad (4)$$

で列 $\{U_i\}, \{V_i\}$ を定義する.$A_{l+1} = 0$, $A_l = \mathrm{GCD}(A, B) = D$ となったとき,$U(x) = U_l(x)$, $V(x) = V_l(x)$ が,$P(x) = D(x)$ としたときの(1)をみたす.

**証明** $A_i = U_i \cdot A + V_i \cdot B$ を証明すればよい．$i = 0, 1$ のときはそれぞれ $A_0 = A, A_1 = B$ であって成立する．$i-1, i$ について成立すると仮定すると，$i$ のときの式に $Q_i$ を掛けて $i-1$ のときの式から引けば，(4) と

$$A_{i+1} = A_{i-1} - A_i \cdot Q_i$$

とによって $i+1$ のときの式を得る．したがって $i$ に関する帰納法で証明された．特に $i = l$ とすれば，$D = U \cdot A + V \cdot B$ である．□

特に $A, B$ が互いに素なら，$U \cdot A + V \cdot B = 1$ とすることができる．

**例 7.2** $A = x^3 - x - 1$, $B = x^2 + 1$.

計算を表 7.1 の形に記述し，剰余を商より先に書くのがよい．剰余が定数になったら互いに素なので，そこで打ち切ってよい．

**表 7.1** 互除法の計算

| 被除式 | 除式 | 剰余 | 商 | $U_i$ | $V_i$ |
|---|---|---|---|---|---|
| $x^3 - x - 1$ | $x^2 + 1$ | $-2x - 1$ | $x$ | $1$ | $-x$ |
| $x^2 + 1$ | $-2x - 1$ | $\dfrac{5}{4}$ | $-\dfrac{x}{2} + \dfrac{1}{4}$ | $\dfrac{x}{2} - \dfrac{1}{4}$ | $-\dfrac{x^2}{2} + \dfrac{x}{4} + 1$ |

実際 $(x^3 - x - 1)\left(\dfrac{x}{2} - \dfrac{1}{4}\right) + (x^2 + 1)\left(-\dfrac{x^2}{2} + \dfrac{x}{4} + 1\right) = \dfrac{5}{4}$ である．これを 1 にするのなら $\dfrac{4}{5}$ を掛けて，次のようになる：

$$U(x) = \dfrac{2x - 1}{5}, \quad V(x) = \dfrac{-2x^2 + x + 4}{5}.$$

分数係数の多項式を恐れてはいけない．

この定理から，多項式代数に関する数多くの結果が導かれ

る．当面の準備には多少関係が薄いが，次のよく使う事実に注意しておく．

> **定理7.3** $A(x)$と$B(x)$とが互いに素であり，$A(x)$が$B(x) \cdot C(x)$を整除すれば，$A(x)$が$C(x)$自体を整除する．

**証明** $A(x)$と$B(x)$とが互いに素だから，$A(x) \cdot U(x) + B(x) \cdot V(x) = 1$をみたす多項式$U(x), V(x)$がある．$C(x) = A(x) \cdot U(x) \cdot C(x) + V(x) \cdot B(x) \cdot C(x)$であるが，$A(x)$と$B(x) \cdot C(x)$とが$A(x)$で割り切れるから，$C(x)$も$A(x)$で割り切れる．□

> **系** $A(x)$が$B(x), C(x)$とそれぞれ互いに素なら，積$B(x) \cdot C(x)$とも互いに素である．

**証明** もし$A(x)$と$B(x) \cdot C(x)$とが定数でない公約式$D(x)$をもてば，$D(x)$が$B(x)$と互いに素なので，$C(x)$を整除することになり，$A(x)$と$C(x)$とが公約式$D(x)$をもつことになる．□

この性質から，多項式を既約因子の積に分解するしかたが(項の順序を問わず，また定数倍した多項式を同一とみなす条件下で)一通りに限ることが証明できる．ここでは結果のみに注意しておく．

**問 7.2** $A = x^2 + 1$と$B = x + 2$について，$A \cdot U + B \cdot V = 1$である多項式$U, V$を求めよ．

## 7.3 無平方分解

**定義 7.2** 任意の実係数多項式は，係数を複素数に拡張すれば，1次式の積に因数分解できることが知られている[†]．そのとき同一の因子の2乗以上が現れない多項式 $A(x)$，すなわち $A(x)=0$ の解がすべて相異なるとき，$A(x)$ を**無平方**(square-free)という．

**定理 7.4** $A(x)$ が無平方であるための必要十分条件は，$A(x)$ とその導関数 $A'(x)$ とが互いに素なことである[††]．

**証明** $A(x)$ が無平方でなければ，$A(x)=(x-\alpha)^2 \cdot P(x)$ と表される．このとき

$$A'(x)=(x-\alpha)^2 P'(x)+2(x-\alpha)P(x)$$
$$=(x-\alpha)[2P(x)+(x-\alpha)P'(x)]$$

であって，$A(x), A'(x)$ は $(x-\alpha)$ を公約式としてもつ．

逆に $A(x)$ が無平方として（理論上），

---

[†] この結果は，いわゆる「方程式論の基本定理」であって，その証明は容易でない．ここではその証明よりも，事実が大事であり，そのような事実を前提として記述した．

[††] この定理は多項式に導関数を本質的に応用した定理である．戦前の旧制高校の数学では「常識」の1つだったが，近年ではかえって忘れられている感がある．なお「無平方」という語は整数の素因数分解にも，同一の素数の2乗以上の累乗を含まないという意味で使われるが，その場合にはこの定理のような簡便な判定条件がない．

$$A(x) = a_n(x-\alpha_1)\cdots(x-\alpha_n);$$
$$\alpha_1, \cdots, \alpha_n \text{ はすべて相異なる} \qquad (1)$$

と因数分解できたとする. $A(x)$ の導関数は各項を順次微分した

$$a_n(x-\alpha_1)\cdots(x-\alpha_{i-1})(x-\alpha_{i+1})\cdots(x-\alpha_n); \ i=1,2,\cdots,n$$

の和であるが, どの $\alpha_k$ に対しても, $i \neq k$ の項は $(x-\alpha_k)$ を含み, $i=k$ のみそれを含まないから, $A'(x)$ は $(x-\alpha_k)$ で整除されない. ゆえに $A'(x)$ は $A(x)$ と互いに素である. □

> **定義 7.3** 多項式 $A(x)$ を, 互いに素な無平方多項式 $P_1$, $\cdots, P_l$ により
> $$A(x) = P_1(x) \cdot [P_2(x)]^2 \cdot [P_3(x)]^3 \cdots [P_l(x)]^l \qquad (2)$$
> と表現したとき, これを $A(x)$ の**無平方分解**という.

理論的には, $A(x)$ を因数分解して, 同じ項が 2 個あれば 2 乗, 3 個あれば 3 乗, … とまとめれば, 無平方分解ができる. しかし次の注意が重要である. すなわち $A(x)$ を完全に因数分解するのは一般にたいへんに**困難**だが, その無平方分解は, 以下に述べるようにまったく**機械的な計算によって可能**なのである. そして次章で論じるように, 有理関数の不定積分の計算には, 分母の無平方分解ができれば, ほとんどそれで十分なのである. この事実は 100 年以上前からわかっていたが, 1970 年代に計算機による数式の計算が実用化されるにおよんで, その重要性が改めて認識された次第である.

130　第7章　積分の計算のための準備

> **定理7.5（無平方分解の算法）**　多項式 $A(x)$ に対し次の算法で無平方分解ができる.
> 
> 0° 与えられた多項式 $A(x)$ に対し，まず $i=1$, $B(x)=A(x)$ とおく.
> 
> 1° $B(x)$ とその導関数 $B'(x)$ との最大公約式 $D(x)$ を互除法で計算する. $B'(x)$ は $(x^m)'=mx^{m-1}$ として形式的に計算できる.
> 
> 2° もし $D(x)$ が定数ならば $P_i(x)=B(x)$ としてそれで完了. もし $i=1$ なら $A$ 自体が無平方である.
> 
> 3° $D(x)$ が定数でなければ, $E(x)=\dfrac{B(x)}{D(x)}$ とおき, $\mathrm{GCD}(D, E)=F(x)$ を互除法で計算する.
> 
> 4° $P_i(x)=\dfrac{E(x)}{F(x)}$ である.
> 
> 5° $i$ を1つ増やし，$B(x)=D(x)$ として1°へもどる.
> 
> この操作を $D(x)$ が定数になるまで反復する.

**証明**　(2)のようにおくと，$A(x)$ の導関数は各項を順次微分した和

$$A' = P_1' \cdot P_2{}^2 \cdots P_l{}^l + 2P_1 \cdot P_2 P_2' \cdot P_3{}^3 \cdots P_l{}^l + \cdots \\ + lP_1 \cdot P_2{}^2 \cdots P_{l-1}{}^{l-1} P_l{}^{l-1} \cdot P_l' \qquad (3)$$

である．これは $P_2 \cdot P_3{}^2 \cdots P_l{}^{l-1}$ で割り切れるが，$P_k{}^k$ では割り切れない．なぜなら，$P_k$ を微分した項以外は $P_k{}^k$ で割り切れるが，$k$ 番目の項は $P_k{}^{k-1} \cdot P_k'$ の形で，$P_k'$ は $P_k$ と互いに素なため，$P_k{}^k$ で割り切れないからである．ゆえに

## 因数分解の算法

読者諸氏の中には，多項式の因数分解に苦しめられ，それで数学が嫌いになった方が多いかもしれない．因数分解の重要性はいうまでもないが，中学・高校で教えられている伝統的な算法は，公式の形式的適用と，有限個の可能性の中から適当な解を探すという，人間の洞察力がものをいい，計算機向きでない原始的な方法である．現状は洞察力の養成よりも，いたずらに難問奇問で学生を苦しめるか，公式を丸暗記させる矮小化された訓練に堕しているらしい．

現在では与えられた整係数1変数の多項式が整係数多項式の範囲で(通例の)因数分解できるものならば，計算機でほとんどそれが可能になった．だからといって，もう「因数分解を教える必要はない」というのは早計だと思う．そこで使われている算法は，在来の方法とは別の新しい算法であるし，またそのような数式処理システムを使いこなすには，いままで以上の洞察力が必要であり，安易にデータを入れれば，すぐに正しい答がでると期待してはいけない現状だからである．

その方法の概略を説明するだけでも，「新しい」多項式代数の多くの準備が必要なので，術語の説明も略してその方針のみを示す．

$0°$　適当な素数 $p$ を選び，係数の整数を $\bmod p$ の世界，すなわち $p$ で割った剰余のみを考える世界に移す．

$1°$　$\bmod p$ の世界で因数分解する．このとき因数分解できるかどうか，またそれができるとすれば何個の因数で，おのおのが何次式になるのかを判定する諸定理と，それを実際に実現する算法が知られている(ブールカンプの算法)．

$2°$　次にそれから $\bmod p^2$, $\bmod p^3$, $\cdots$ での因数分解を順次計算するヘンゼルの算法(およびその修正・拡張)が知られている．

$3°$　もし最初の分解が正しい因数分解を $\bmod p$ の世界に移し

たものになっていれば,少し注意すると有限回で正しい因数分解に達する.

　4° もしうまくいかなければ,1°の段階で「因子組み替え」をしたり,0°にもどって$p$を変更したりすると,うまくいくことがある.□

　この算法は必ずしも「計算機向き」とは限らず,人手でもある程度実行可能だが,やはり(特に1°の計算の段階は)少なくともマイコンやプログラム可能電卓を利用するのが有利である.

　このような新しい話題を,いますぐ数学教育にとり入れよとは主張しない.当分は「達人」が知っていて損はしない秘伝に留めておくべきかもしれない.それにひきかえ,本文で述べた「無平方分解」はまったく機械的に計算可能であり,しかもそれで十分な場合が多いことを改めて注意しておく.

$$D(x) = \mathrm{GCD}(A, A') = P_2 \cdot P_3{}^2 \cdots P_l{}^{l-1}, \qquad (4)$$
$$E(x) = P_1 \cdot P_2 \cdots P_l,$$
$$F(x) = P_2 \cdot P_3 \cdots P_l$$

であり,最初の $\dfrac{E}{F} = P_1$ である.2度目には(4)の $D(x)$ を対象とするので $P_2$ が求まり,以下同様に $P_3, \cdots, P_l$ を得る.□

**例 7.3** $A(x) = x^6 - 3x^5 + 6x^3 - 3x^2 - 3x + 2$.
$A'(x) = 3(2x^5 - 5x^4 + 6x^2 - 2x - 1)$. 3で割って $A_1$ とする.
$2^2 A$ を $A_1$ で割ると商 $2x - 1$,剰余 $A_2 = -5x^4 + 12x^3 - 2x^2 - 12x + 7$.
$5^2 A_1$ を $A_2$ で割ると商 $-10x + 1$,剰余 $-32 A_3$, $A_3 = x^3 - x^2 - x + 1$.
$A_2$ は $A_3 \times (-5x + 7)$ であり,$A_3$ が $D = \mathrm{GCD}(A, A')$ である.
$E = \dfrac{A}{D} = x^3 - 2x^2 - x + 2$;$F = \mathrm{GCD}(D, E) = x^2 - 1$, $P = \dfrac{E}{F} = x - 2$,
つまり $P_1(x) = x - 2$.

次に $D(x) = x^3 - x^2 - x + 1$ に同じ操作を行う.$D'(x) = 3x^2 - 2x - 1$, $3^2 D(x)$ を $D'(x)$ で割ると商 $3x - 1$ で剰余 $-8(x - 1)$. $x - 1$ で $D'$ は割り切れるので,これが次のGCDである.$D$ を割った商は $x^2 - 1$,これと $x - 1$ とのGCDは $x - 1$. $x^2 - 1$ を割った商 $x + 1$ が $P_2(x)$. その次の $x - 1$ は無平方だから,それ自体が $P_3(x)$ である.結局 $A(x) = (x - 2)(x + 1)^2 (x - 1)^3$ が,その無平方分解である.□

**問 7.3** $x = a$ が $A(x) = 0$ の単純解($A(x) = (x - a) \cdot B(x)$;$B(a) \ne 0$)となるための必要十分条件は,$A(a) = 0, A'(a) \ne 0$ であることを証明せよ.

## 7.4 逆微分としての積分の基本公式

第3章で論じたとおり,不定積分の計算は原始関数すなわち逆微分の計算に帰着する.したがって微分法の公式を変形して積分法の公式を得る.そのうちよく使われる部分積分法と置換積分法を解説する.

## 第7章 積分の計算のための準備

1° **部分積分法** 積の微分の公式
$$[f(x)g(x)]' = f'(x)g(x) + f(x)g'(x)$$
に注目する．ここで $f(x)$ を $F(x)$ と書き換え，$F'(x)$ をあらためて $f(x)$ とおけば
$$f(x)g(x) = [F(x)g(x)]' - F(x)g'(x)$$
となる．この積分をとることにより

$$\int f(x)g(x)\mathrm{d}x = F(x)g(x) - \int F(x)g'(x)\mathrm{d}x \qquad (1)$$

（上段：そのまま／微分する，下段：積分する／そのまま）

という公式を得る．これを**部分積分法**という．特に(1)で $f(x)=1$ とすれば，次のようになる：
$$\int g(x)\mathrm{d}x = xg(x) - \int xg'(x)\mathrm{d}x. \qquad (2)$$

**例 7.4** $\displaystyle\int \ln x \, \mathrm{d}x = x\ln x - \int x\cdot\frac{1}{x}\mathrm{d}x = x\ln x - x$．

**例 7.5** $\displaystyle\int x\cos x \, \mathrm{d}x = x\sin x - \int 1\cdot\sin x \, \mathrm{d}x = x\sin x + \cos x$．

ここで $(\sin x)' = \cos x$, $(\cos x)' = -\sin x$ に注意する．

**問 7.4** $\displaystyle\int \frac{\sin x}{\cos x}\mathrm{d}x$ を次のように部分積分してみた．
$$\int \frac{\sin x}{\cos x}\mathrm{d}x = \frac{-\cos x}{\cos x} - \int (-\cos x)\cdot\frac{\sin x}{(\cos x)^2}\mathrm{d}x$$
$$= -1 + \int \frac{\sin x}{\cos x}\mathrm{d}x.$$
ところが，これから $0 = -1$ という矛盾がでてきた．どこが誤っているのか．

2° **置換積分法** $F'(y)=f(y)$ とする. $F(y)$ に $y=g(x)$ を代入した合成関数の微分は, 5.3節で示したとおり

$$\frac{\mathrm{d}}{\mathrm{d}x}F(g(x))=F'(g(x))g'(x)=f(g(x))\cdot g'(x)$$

である. これを積分すれば, 次の**置換積分法**の公式を得る:

$$\int f(g(x))\cdot g'(x)\mathrm{d}x = F(g(x)), \quad \text{ここで } F'(y)=f(y). \quad (3)$$

この公式は, $y=g(x)$, $g'(x)=\dfrac{\mathrm{d}y}{\mathrm{d}x}$ と書き

$$\int f(y)\frac{\mathrm{d}y}{\mathrm{d}x}\mathrm{d}x = \int f(y)\mathrm{d}y \quad (4)$$

と, あたかも $\mathrm{d}x$ を約分したような形に書くと覚えやすい†.

**例 7.6** $\displaystyle\int f(-x)\mathrm{d}x = -F(-x),$

$\displaystyle\int f(ax+b)\mathrm{d}x = \frac{1}{a}F(ax+b) \quad (a\neq 0),$

$\displaystyle\int f(x^2)x\,\mathrm{d}x = \frac{1}{2}F(x^2),$

$\displaystyle\int f(\sin x)\cos x\,\mathrm{d}x = F(\sin x),$

$\displaystyle\int f(\mathrm{e}^x)\mathrm{e}^x\,\mathrm{d}x = F(\mathrm{e}^x).$

これらは実際にもよく使う.

置換積分の公式を定積分に適用すれば

$$\int_a^b f(g(x))g'(x)\,\mathrm{d}x = F(g(b))-F(g(a)) = \int_{g(a)}^{g(b)} f(y)\mathrm{d}y$$

$$(5)$$

---

† 形式的であるが, ライプニッツの記号の優れた点である. 理論的に $\mathrm{d}x$, $\mathrm{d}y$ に意味をつけ, 実際に $\mathrm{d}x$ を約分するという解釈を正当化することも可能である.

となる．このままの形で使うならば，$y=g(x)$ が単調である必要はない．しかし $\alpha=g(a), \beta=g(b)$ とおいて右辺を $\alpha$ から $\beta$ までの積分としたときには，$y=g(x)$ が 1 対 1 でないと，正しい答が得られない場合がある．

**問 7.5** $\int_{-1}^{1} 2x^2 \, dx$ を計算するのに，$x^2=y$ とおき，$\dfrac{dx}{dy}=\dfrac{1}{2\sqrt{y}}$ とすると
$$\int_{-1}^{1} 2x^2 \, dx = \int_{1}^{1} \frac{2y}{2\sqrt{y}} dy = \int_{1}^{1} \sqrt{y} \, dy = 0$$
となる．これは正しいか？ 正しくなければ，どこがいけないのか．

なお対数微分を積分した形の公式（対数積分）
$$\int \frac{f'(x)}{f(x)} dx = \ln |f(x)| \tag{6}$$
も，合成関数の微分法の公式の変形である．

### 第 7 章の演習問題

1. 次の多項式の組の最大公約式を互除法で求めよ．
 (i) $x^4+x^2+1,\ x^3-1$
 (ii) $A(x)=x^5-10x^2+15x-6,\ A'(x)$
2. $x^5-10x^2+15x-6$ を無平方分解せよ．
3. $A(x)=a_n x^n + a_{n-1} x^{n-1} + \cdots + a_1 x + a_0$ が無平方であり，$A(x)=0$ の解を $\alpha_1, \cdots, \alpha_n$ とするとき，$A'(\alpha_k) = a_n(\alpha_k-\alpha_1)\cdots(\alpha_k-\alpha_{k-1})(\alpha_k-\alpha_{k+1})\cdots(\alpha_k-\alpha_n)$ であることを示せ．
*4. 前問 3 の結果を使い，$A(x)=0$ の $n$ 個の解の近似値 $x_1^{(\nu)}, \cdots, x_n^{(\nu)}$ がすべてわかったとき，ニュートン法の分母を右辺の式で近似して
$$x_k^{(\nu+1)} = x_k^{(\nu)} - \frac{A(x_k^{(\nu)})}{a_n \prod_{j \neq k}(x_k^{(\nu)} - x_j^{(\nu)})} \qquad (\prod \text{ は乗積の記号})$$

を反復する解法がある(デュラン・ケルナー法). この方法において $x_k^{(\nu)}$ が真の解 $\alpha_k$ に十分近ければ, 逐次の近似式 $\{x_k^{(\nu)}\}$ の列は 2 乗収束($|x_k^{(\nu+1)} - \alpha_k|$ がほぼ $|x_k^{(\nu)} - \alpha_k|^2$ に比例する)することを証明せよ.

5. 部分積分法により, 次の不定積分を計算せよ.

(ⅰ) $\int x e^x \, dx$　　(ⅱ) $\int x^2 \ln x \, dx$　　(ⅲ) $\int \arctan x \, dx$

# 第8章　積分の計算

"積分"

## 8.1　有理関数の不定積分

多項式の不定積分は，$x^n$ の不定積分を $\dfrac{x^{n+1}}{n+1}$ として機械的に求められる．したがって**有理関数** $\dfrac{B(x)}{A(x)}$ （$A, B$ は多項式）に対して，もし $\deg B \geqq \deg A$ ならば，$B$ を $A$ で割った商を $Q(x)$，剰余を $R(x)$ とすると

$$\frac{B}{A} = Q + \frac{R}{A} \qquad (\deg R < \deg A)$$

であって，多項式 $Q(x)$ の積分はすぐに計算できるから，分子の次数が分母の次数より小さいときに限定してよい．改めて $\dfrac{B}{A}$ ($\deg B < \deg A$) とする．

以下に述べる計算法は，有理関数を部分分数に分ける伝統的な方法でなく，分母の無平方分解のみを利用するもので，**エルミートの算法**とよばれる[†(脚注次ページ)]．

一般に有理関数の不定積分は**有理部分**と**対数部分**からなる

*138*

——前者は有理関数であり，後者は実関数の範囲では対数関数と逆三角関数からなる．——このうち有理部分は次のように機械的に計算できる．その原理は，分母の $A(x)$ を無平方分解

$$A = P_1 \cdot P_2{}^2 \cdot P_3{}^3 \cdots P_l{}^l \tag{1}$$

し，$l \geq 2$ ならば最大の累乗の項の指数 $l$ を以下のようにして1つ減らすことである．これを反復してついに $l=1$，つまり分母が無平方になれば，その不定積分はすべて対数部分になるが，それまでに有理部分の項がすべて求められる．

まず(1)において $G(x) = P_1 \cdot P_2{}^2 \cdots P_{l-1}{}^{l-1}$ と $P_l{}^l$ とは互いに素だから，適当に多項式 $U_1, V_1$ をとって

$$U_1 \cdot G + V_1 \cdot P_l{}^l = B \quad (\text{分子})$$

とできる．しかも $\deg B < \deg G + \deg P_l{}^l$ だから，$\deg U_1 < \deg P_l{}^l$, $\deg V_1 < \deg G$ ととれる．このとき

$$\begin{aligned}\frac{B}{A} &= \frac{B}{G \cdot P_l{}^l} = \frac{U_1 \cdot G + V_1 \cdot P_l{}^l}{G \cdot P_l{}^l} \\ &= \frac{V_1}{G} + \frac{U_1}{P_l{}^l} \end{aligned} \tag{2}$$

となるが，$\dfrac{V_1}{G}$ の分母は $P_1 \cdot P_2{}^2 \cdots P_{l-1}{}^{l-1}$ であって，最大の累乗指数は $l-1$ だから，これは当面考えなくてよい(次の段階での計算になる)．以下第2項を考える．$P_l$ 自体は無平方で，$P_l$ と $P_l{}'$ とは互いに素だから，多項式 $U_2, V_2$ をとって

$$U_2 \cdot P_l + V_2 \cdot P_l{}' = U_1 \quad (\text{分子})$$

とでき，しかも $\deg V_2 < \deg P_l$ ととれる．これを代入すると

---

† この名には異論がある．19世紀後半のエルミート以前に知られていたというのである．とりあえず「俗称」として，この名で引用する．

$$\frac{U_1}{P_l^l} = \frac{U_2}{P_l^{l-1}} + \frac{V_2 \cdot P_l'}{P_l^l} \tag{3}$$

となり，この第1項は分母の累乗指数が $l-1$ に下がった．第2項は部分積分して

$$\int \frac{V_2 \cdot P_l'}{P_l^l} \mathrm{d}x = -\frac{V_2}{(l-1)P_l^{l-1}} + \int \frac{V_2'}{(l-1)P_l^{l-1}} \mathrm{d}x \tag{4}$$

となる．これで被積分関数の分母の累乗指数がすべて $l-1$ 以下に下がった．この操作は $l \geqq 2$ である限り反復できる．

実際にはこの段階で積分できた結果の有理式が，(4)の第1項のみであることに注意し，$\dfrac{B}{A}$ の積分の有理部分を最初から

$$\frac{C_2}{P_2} + \frac{C_3}{P_3^2} + \cdots + \frac{C_l}{P_l^{l-1}} \qquad (\deg C_i < \deg P_i^{i-1})$$

の形においたほうがよい．すなわち

$$\int \frac{B}{P_1 \cdot P_2^2 \cdots P_l^l} \mathrm{d}x = \int \frac{C}{P_1 P_2 \cdots P_l} \mathrm{d}x + \frac{C_2}{P_2} + \frac{C_3}{P_3^2} + \cdots + \frac{C_l}{P_l^{l-1}},$$

ただし，$\deg C < \deg(P_1 P_2 \cdots P_l)$, $\deg C_i < \deg P_i^{i-1}$

$$\tag{5}$$

とおき，(5)の両辺を微分して比較し，未定係数法その他で分子の多項式を決定するのである．

**例 8.1** 最初の手順を示す意味での例として $\int \dfrac{x}{x^3-3x+2} \mathrm{d}x$ を扱う．この分母の無平方分解は $(x-1)^2(x+2)$ である．そして $(x-1)^2 - (x+2)\left(x+\dfrac{1}{2}\right) = -\dfrac{9x}{2}$ だから

$$\frac{x}{x^3-3x+2} = \frac{-2}{9(x+2)} + \frac{2x+1}{9(x-1)^2}$$
$$= \frac{-2}{9(x+2)} + \frac{2}{9(x-1)} + \frac{1}{3(x-1)^2}$$

## 8.1 有理関数の不定積分

となる．このときは $P_2' = 1$ なので部分積分の操作は結果的に部分分数に分けたのと同じになる．この各項を積分して次の答を得る：

$$\frac{2}{9}\ln\left|\frac{x-1}{x+2}\right| - \frac{1}{3(x-1)}.$$

**例 8.2** $\int \frac{\mathrm{d}x}{(x^2+1)^2}$. $P_1 = 1$, $P_2 = x^2+1$ なので，これを $\int \frac{ax+b}{x^2+1}\mathrm{d}x + \frac{cx+d}{x^2+1}$ の形におくことができる．しかも被積分関数は偶関数なので，積分された項は奇関数，積分内に残る項は偶関数，すなわち $a=0$, $d=0$ としてよい（$a, d$ を残して計算してもそうなる）．両辺を微分して比較すると

$$\frac{1}{(x^2+1)^2} = \frac{b}{x^2+1} + \frac{c(x^2+1-2x^2)}{(x^2+1)^2}$$
$$= \frac{(b-c)x^2 + (b+c)}{(x^2+1)^2}.$$

ゆえに $b-c = 0$, $b+c = 1$. これから $b = c = \frac{1}{2}$ となり

$$\frac{1}{2}\int\frac{\mathrm{d}x}{x^2+1} + \frac{x}{2(x^2+1)} = \frac{1}{2}\arctan x + \frac{x}{2(x^2+1)}$$

を得る．

**例 8.3** $\int \frac{\mathrm{d}x}{x^6 - 3x^5 + 6x^3 - 3x^2 - 3x + 2}$. 分母の無平方分解は，7.3 節で計算したとおり $(x-2)(x+1)^2(x-1)^3$ であるから，この積分を

$$\int \frac{ax^2 + bx + c}{(x-2)(x+1)(x-1)}\mathrm{d}x + \frac{d}{x+1} + \frac{ex+f}{(x-1)^2}$$

（$a, b, c, d, e, f$ は定数）

とおくことができる．両辺を微分して比較すると

$$\frac{1}{(x-2)(x+1)^2(x-1)^3}$$
$$= \frac{ax^2+bx+c}{(x-2)(x+1)(x-1)} - \frac{d}{(x+1)^2} - \frac{ex+2f+e}{(x-1)^3}$$

となる．これから右辺の未定係数を求めればよい．直接に分母を払って比較してもよいが，容易に決められるところを先に求めよう．まず

$(x+1)^2$ を掛けて $x=-1$ とおけば，$-d=\dfrac{1}{(-3)(-2)^3}$，つまり $d=-\dfrac{1}{24}$ を得る．次に $(x-1)^3$ を掛けて $x=1$ とおけば $2(f+e)=\dfrac{1}{2^2}$ となる．$\dfrac{d}{(x+1)^2}$ の項を左辺に移項し，$\dfrac{1}{(x-1)^3}$ の項を $-\dfrac{e}{(x-1)^2}-\dfrac{2(e+f)}{(x-1)^3}$ と変形して，末尾の項 $-\dfrac{1}{4(x-1)^3}$ をも左辺に移項して整理すると，左辺は計算して最終的に

$$\frac{-(x+1)(x-1)^2(x-10)}{24(x-2)(x+1)^2(x-1)^3}=\frac{-x+10}{24(x-2)(x+1)(x-1)}$$

となる．ゆえに $e=0$, $f=\dfrac{1}{8}$, $a=0$, $b=-\dfrac{1}{24}$, $c=\dfrac{5}{12}$ であり，まとめて積分の有理部分は

$$-\frac{1}{24(x+1)}+\frac{1}{8(x-1)^2}$$

となる．分母が無平方の対数部分は次節で論じる．

**問 8.1** $\displaystyle\int\frac{dx}{(x^2+1)^3}$ の有理部分を求めよ．

## 8.2 対数部分の処理

有理関数 $\dfrac{B(x)}{A(x)}$ ($\deg B<\deg A$) の分母が無平方のときには，その不定積分は対数部分のみからなる．これを完全に計算するためには，どうしても分母を完全に1次式の積に因数分解しなければならない．これは一般には困難であって，ときには $A(x)=0$ を数値的に解かざるをえないこともある．ただ前節のように分母の多項式を無平方分解して，分母が $P_1P_2\cdots P_l$ に還元されている場合には，各 $P_i$ を因数分解すればよいので，少し楽になる．ともかく分母が

$$A(x) = a_n(x-\alpha_1)\cdots(x-\alpha_n);$$

$\alpha_1, \cdots, \alpha_n$ はすべて相異なる (1)

と因数分解できたものとする．ここに $\alpha_1, \cdots, \alpha_n$ は代数方程式 $A(x)=0$ の解である．$A(x)$ の係数がすべて実数のときでも，$\alpha_i$ の中には複素数が含まれるが，そのときには必ず共役複素数 $\alpha$ と $\bar{\alpha}$ ($\alpha = a + ib$ とすれば，$\bar{\alpha} = a - ib$) の対が現れるので，$\alpha_2 = \bar{\alpha}_1$, $\alpha_4 = \bar{\alpha}_3, \cdots, \alpha_{2l} = \bar{\alpha}_{2l-1}$ とまとめ，残りの $\alpha_{2l+1}, \cdots, \alpha_n$ が実数であるものとする．このとき次の定理が成立する．

### 定理 8.1

$$\frac{B(x)}{A(x)} = \sum_{i=1}^{n} \frac{c_i}{x-\alpha_i}, \quad \text{ここに } c_i = \frac{B(\alpha_i)}{A'(\alpha_i)}. \quad (2)$$

**証明** $\dfrac{B(x)}{A(x)}$ は理論上各 $x-\alpha_i$ を分母とし，分子がそれより低次，すなわち定数である有理関数の和に表される．すなわち $c_i$ を定数として，(2)の形に書かれる．$c_k$ を定めるために(2)の両辺に $(x-\alpha_k)$ を掛けて $x \to \alpha_k$ とすれば，$i \neq k$ である項はすべて 0 となる．$i=k$ に対する項は右辺が $c_k$ だが，左辺の分子は $B(\alpha_k)$ である．分母は $A(\alpha_k)=0$ に注意すると

$$\frac{A(x)}{x-\alpha_k} = \frac{A(x)-A(\alpha_k)}{x-\alpha_k} \to A'(\alpha_k) \quad (x \to \alpha_k)$$

となり，$A(x)$ は無平方だから $A'(\alpha_k) \neq 0$ である．ゆえに左辺は $\dfrac{B(\alpha_k)}{A'(\alpha_k)}$ に近づき，これが $c_k$ に等しい．□

なお分母 $A(x)$ が(1)のように因数分解されていれば，導関数

の値は
$$A'(\alpha_i)=a_n(\alpha_i-\alpha_1)\cdots(\alpha_i-\alpha_{i-1})(\alpha_i-\alpha_{i+1})\cdots(\alpha_i-\alpha_n) \quad (3)$$
として容易に計算できる.

**例 8.4** 前節の例 8.3 で残った有理関数については, 定理 8.1 を適用して
$$\frac{-x+10}{24(x-2)(x+1)(x-1)}=\frac{1}{9(x-2)}+\frac{11}{144(x+1)}-\frac{3}{16(x-1)}$$
となる. この不定積分は $\frac{11}{144}\ln|x+1|+\frac{1}{9}\ln|x-2|-\frac{3}{16}\ln|x-1|$ である. □

次に (2) の積分を考える. $\alpha_k$ が実数の項は, ただちに積分できて
$$\int\frac{c_k}{x-\alpha_k}\mathrm{d}x=c_k\ln|x-\alpha_k|$$
となる.

複素解 $\alpha$ と $\bar{\alpha}$ の組については, $A(x), B(x)$ の係数がすべて実数ならば, $\frac{B(x)}{A'(x)}$ の係数もすべて実数であり, $\alpha$ と $\bar{\alpha}$ における値が互いに共役複素数なので, 2 つの項をまとめると
$$\frac{c}{x-\alpha}+\frac{\bar{c}}{x-\bar{\alpha}}=\frac{(c+\bar{c})x-(c\bar{\alpha}+\bar{c}\alpha)}{(x-\alpha)(x-\bar{\alpha})} \quad (4)$$
の形になる. $\alpha=a+\mathrm{i}b$ とすると, (4) の分母は $x^2-2ax+(a^2+b^2)=(x-a)^2+b^2$ となる. (4) の分子の係数は共に実数なので, これを整理して $p(x-a)+q$ ($p, q$ は実数)の形に書き直すことができる. したがって (4) の積分は
$$\int\frac{p(x-a)}{(x-a)^2+b^2}\mathrm{d}x+\int\frac{q}{(x-a)^2+b^2}\mathrm{d}x \quad (5)$$

となる．(5)の第1項の被積分関数は定数倍を除いて $\dfrac{f'(x)}{f(x)}$ の形であるから，その積分は

$$\frac{p}{2}\ln[(x-a)^2+b^2]$$

となる．第2項は $t=\dfrac{x-a}{b}$ と置き換えると

$$\frac{q}{b^2}\int\frac{b\,\mathrm{d}t}{t^2+1}=\frac{q}{b}\arctan t$$
$$=\frac{q}{b}\arctan\frac{x-a}{b}$$

となる．結局，対数部分は，対数関数と逆三角関数で表現できる．実用上には複素数を使わず，実数の零点をもたない2次式 $(x-a)^2+b^2$ の積の形に因数分解して計算するのがよい．

**例 8.5** $\int\dfrac{2x^3-8x^2+27x}{x^4-8x^3+39x^2-62x+50}\,\mathrm{d}x$．分母は $(x^2-2x+2)(x^2-6x+25)$ と因数分解され，被積分関数は

$$\frac{x}{x^2-2x+2}+\frac{x}{x^2-6x+25}=\frac{(x-1)+1}{(x-1)^2+1^2}+\frac{(x-3)+3}{(x-3)^2+4^2}$$

と分解できる．その不定積分は次のようになる．

$$\frac{1}{2}\ln(x^2-2x+2)+\frac{1}{2}\ln(x^2-6x+25)$$
$$+\arctan(x-1)+\frac{3}{4}\arctan\frac{x-3}{4}.$$

**問 8.2** 次の関数の不定積分を求めよ．

( i ) $\dfrac{1}{x^4-5x^2+4}$ (ii) $\dfrac{1}{x^3-1}$ (iii) $\dfrac{x^2}{x^4+x^2+1}$

## 8.3 無理関数の積分例

ここで論じるのは,たとえば $\int x\sqrt{1+x}\,dx$, $\int \sqrt{x^2-1}\,dx$ などの不定積分である. 一般的にいえば, $R(x, y)$ を $x, y$ の 2 変数有理関数とし, $S(x)$ を $x$ の定まった多項式または分数関数として, $y=\sqrt{S(x)}$ とした関数の積分

$$\int R(x, \sqrt{S(x)})\,dx \qquad (1)$$

である. これはまったく一般には, 初等関数の範囲では求められない. 以下に述べるのは, うまく計算できる代表的な型である.

(1)の計算を行う原理は, **有理化の手法**である. それはうまい助変数(**有理化変数**) $t$ を探し

$$x=u(t), \quad y=\sqrt{S(x)}=v(t) \qquad (2)$$

が共に $t$ の有理関数であるようにとることである. それができれば(1)は

$$\int R(u(t), v(t))\frac{du(t)}{dt}dt \qquad (3)$$

となり, (3)の $t$ に関する被積分関数は有理関数だから, 前 2 節の方法で計算できる. 最後に $x=u(t)$ を $t$ について解いて代入して $x$ の関数とする.

実際の問題では, 有理化変数 $t$ をどうとるかが本質的である. いくらかの一般論はあるが, ここでは典型例を 2 つだけあげる.

1° $S(x)=ax+b$ (1次式)のとき 誰しもすぐに考えるように
$$t=y=\sqrt{ax+b}$$

とおけばよい. $y=t$ であり, $t^2=ax+b$, $x=\dfrac{t^2-b}{a}$ である[†]. したがって(1)は次のように有理化される:

$$\int R\Big(\dfrac{t^2-b}{a},\ t\Big)\dfrac{2}{a}t\ \mathrm{d}t. \qquad (4)$$

**例 8.6** $\int x\sqrt{1+x}\,\mathrm{d}x$. $t=\sqrt{1+x}$ とすると, $x=t^2-1$ であって

$$\int (t^2-1)\cdot 2t\ \mathrm{d}t = \int 2(t^4-t^2)\mathrm{d}t$$
$$= \dfrac{2t^5}{5}-\dfrac{2t^3}{3} = \dfrac{2}{15}(1+x)^{\frac{3}{2}}(3x-2).$$

この型の同類として

$$y=(ax+b)^{\frac{1}{p}}\quad (p\text{ は正の整数}),\qquad y=\sqrt{\dfrac{ax+b}{cx+d}} \qquad (5)$$

がある. いずれも $y=t$ を有理化変数にとることができる.

**問 8.3** 次の関数の不定積分を求めよ.

(ⅰ) $\sqrt[3]{1+x}$ 　　(ⅱ) $\sqrt{\dfrac{1+x}{1-x}}$

2° $S(x)=ax^2+bx+c$ (2次式)のとき

(ⅰ) $S(x)=0$ が2つの相異なる実解 $\alpha,\beta$ をもつとき. $\sqrt{S(x)}=\sqrt{a(x-\alpha)(x-\beta)}$ と変形することができるから, これを $\pm(x-\alpha)\sqrt{\dfrac{a(x-\beta)}{x-\alpha}}$ と変形すれば, 1°の同類として述べた(5)の後の型としてみなして計算できる. ただ概してこの方法は手間がかかるので, 一例を示すのに留める.

---

[†] $a\neq 0$ は当然の前提である. $a=0$ なら $\sqrt{S(x)}=\sqrt{b}$ は定数であって, 当面の積分は単なる有理関数の積分にすぎない. この種の「当然の前提」は, いちいち断らないことが多い.

### 148　第 8 章　積分の計算

**例 8.7**　$\int \sqrt{x^2-1}\,dx$. $x>1$ としてこれを $(x-1)\sqrt{\dfrac{x+1}{x-1}}$ と変形し

$$t=\sqrt{\dfrac{x+1}{x-1}}$$

とおくと

$$t^2=\dfrac{x+1}{x-1}, \quad x=\dfrac{t^2+1}{t^2-1}, \quad \dfrac{dx}{dt}=\dfrac{-4t}{(t^2-1)^2}$$

であって

$$\int \dfrac{2t}{t^2-1}\cdot\dfrac{-4t}{(t^2-1)^2}dt = -8\int \dfrac{t^2}{(t^2-1)^3}dt.$$

エルミートの算法により，被積分関数が偶関数であることに注意して，この積分は

$$\dfrac{At}{(t^2-1)^2}+\dfrac{Bt}{t^2-1}+C\int \dfrac{dt}{t^2-1} \quad (A, B, C \text{ は定数})$$

と表現できる．これを微分して整理すると

$$\dfrac{-4At^2}{(t^2-1)^3}+\dfrac{A-2B}{(t^2-1)^2}+\dfrac{-2B+B+C}{t^2-1}$$

となる．これを $\dfrac{-8t^2}{(t^2-1)^3}$ と比較して $A=2, B=1, C=1$ であり，$t$ による積分は

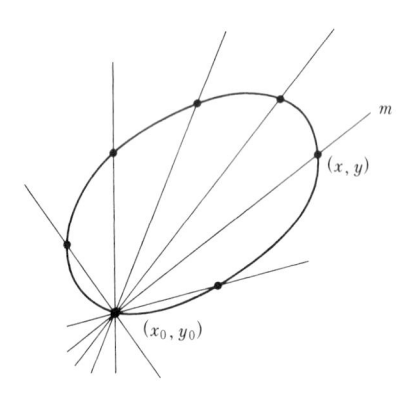

図 8.1　2 次曲線の有理化操作

$$\frac{2t}{(t^2-1)^2}+\frac{t}{t^2-1}+\int\frac{\mathrm{d}t}{t^2-1}=\frac{t}{t^2-1}\Big[\frac{2}{t^2-1}+1\Big]$$
$$+\frac{1}{2}\ln(t-1)-\frac{1}{2}\ln(t+1)$$
$$=\frac{1}{2}x\sqrt{x^2-1}+\frac{1}{2}\ln\frac{\sqrt{x+1}+\sqrt{x-1}}{\sqrt{x+1}-\sqrt{x-1}}$$
$$=\frac{1}{2}x\sqrt{x^2-1}+\frac{1}{2}\ln(x+\sqrt{x^2-1})$$

を得る. 最終の結果は, $x<-1$ でも正しい.

ところで $S(x)=ax^2+bx+c$ なら, $y=\sqrt{S(x)}$ は**2次曲線** $y^2=ax^2+bx+c$ を表す. 一般に2次曲線 $Q$ は, 次の算法で有理化できる.

(a) その上の1点 $(x_0, y_0)$ を固定する.

(b) そこを通る直線 $l: y=y_0+t(x-x_0)$ がふたたび $Q$ と交わる点を $(x, y)$ とする. この関係により, $(x, y)$ を $l$ の傾斜 $t$ で表現する: $t=\dfrac{y-y_0}{x-x_0}$.

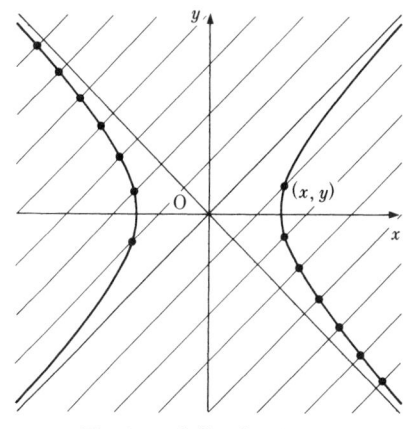

図8.2 双曲線の有理化操作

このとき $t$ が**有理化変数**である．もちろん $x=x_0$ のときは $t=\infty$ と解釈し，また点 $(x_0, y_0)$ 自体には，そこでの $Q$ の接線の傾斜 $t$ を対応させる．

証明は直接の計算でできるが，省略する．上述の方法は $S(x) = a(x-\alpha)(x-\beta)$ のとき，点 $(x_0, y_0)$ を $(\alpha, 0)$ と選んだ場合に相当する．

理論上では $(x_0, y_0)$ を $Q$ 上どこにとっても同じだが，実際の計算では，その選択の良否により，計算の難易が大きく変わる．

(ⅱ) $S(x)$ がすべての実数値 $x$ に対してつねに正のとき．実関数として意味があるのは $a>0$, $b^2-4ac<0$ のときである．じつは以下の算法は $a>0$ の場合に一般的に通用する．実関数として必要な場合は(ⅰ)，(ⅱ)のいずれかに含まれる．

このときには2次曲線 $y=\sqrt{S(x)}$ は，変形すると双曲線 $Q$

$$y^2 = a\left(x-\frac{b}{2a}\right)^2 - \frac{b^2-4ac}{4a} \tag{6}$$

であり，漸近線 $y=\pm\sqrt{a}\left(x-\dfrac{b}{2a}\right)$ を有する．その一方に平行な直線族 $y=\sqrt{a}\,x+t$ を作ると，これはつねに $Q$ と有限範囲の一点 $(x, y)$ で交わるので，それを $t$ で表現すると，この $t$ が**有理化変数**である．これは前述の議論で，$Q$ 上の1点 $(x_0, y_0)$ を「無限遠点」に移した極限の場合に該当する．

具体的に計算すると，$a>0$ であって

$$t = y - \sqrt{a}\,x = \sqrt{ax^2+bx+c} - \sqrt{a}\,x$$

なので，$\sqrt{a}\,x$ を左辺に移項して2乗すると

$$t^2+2\sqrt{a}\,tx+ax^2=ax^2+bx+c,$$
$$x=\frac{t^2-c}{b-2\sqrt{a}\,t},\quad y=\sqrt{a}\,x+t=\frac{-\sqrt{a}\,t^2+bt-\sqrt{a}\,c}{b-2\sqrt{a}\,t}$$

であって，確かに有理化されている．(i)の場合でも，$a>0$なら，この方法を使う方が容易に計算できることが多い．

**例 8.8** $\int\sqrt{x^2+1}\,dx$．$y=x+t$とおくと

$$x=\frac{1-t^2}{2t},\quad \frac{dx}{dt}=\frac{-(t^2+1)}{2t^2},\quad y=\frac{1+t^2}{2t}$$

であって，積分は

$$-\int\frac{(t^2+1)^2}{4t^3}dt=-\frac{1}{4}\left(\frac{t^2}{2}-\frac{1}{2t^2}\right)-\frac{1}{2}\ln t$$
$$=\frac{1-t^4}{8t^2}-\frac{1}{2}\ln t=\frac{1}{2}x\sqrt{x^2+1}-\frac{1}{2}\ln(\sqrt{x^2+1}-x).$$

この最後の式を $\frac{1}{2}x\sqrt{x^2+1}+\frac{1}{2}\ln(\sqrt{x^2+1}+x)$ と書き直してよい．

**問 8.4** $\int\sqrt{x^2-1}\,dx$ を(ii)の方法で計算せよ．

## 8.4 初等超越関数の積分例

初等超越関数(指数関数・三角関数など)の不定積分は，必ずしも初等関数ではないし，初等関数になる場合も，一般的な算法はあまりない．ここに述べるのは，実用上にもよく現れる典型例のみである．

1° **多項式×指数関数** $P(x)$を多項式とする．$P(x)\cdot e^x$の積分は，$e^x$を積分し，$P(x)$を微分する部分積分法を反復する．

$$\int P(x)e^x\,dx=P(x)\cdot e^x-\int P'(x)e^x\,dx. \qquad (1)$$

この操作で多項式部分の次数が1つずつ下がるから，有限回で

定数となる. 最終の $e^x$ の積分は $e^x$ である.

**例 8.9** $\displaystyle\int x e^x \, dx = x e^x - \int e^x \, dx = e^x(x-1).$

$\displaystyle\int x^2 e^x \, dx = x^2 \cdot e^x - \int 2x \cdot e^x \, dx = e^x(x^2 - 2x + 2).$

2° **多項式×対数関数** $P(x)$ を多項式とする. $P(x) \cdot \ln x$ の積分は, $P(x)$ を積分し, $\ln x$ を微分する部分積分法により, $Q'(x) = P(x)$ とすると

$$\int P(x) \cdot \ln x \, dx = Q(x) \cdot \ln x - \int \frac{Q(x)}{x} dx \qquad (2)$$

となる. $Q(x)$ の定数項を 0 にとれば, $\dfrac{Q(x)}{x}$ は多項式になり, その積分も多項式の範囲で計算できる.

**例 8.10** $\displaystyle\int \ln x \, dx = x \ln x - \int \frac{x}{x} dx = x(\ln x - 1).$

$\displaystyle\int x \ln x \, dx = \frac{x^2}{2} \ln x - \int \frac{x^2}{2x} dx = \frac{x^2}{4}(2\ln x - 1).$

**問 8.5** 次の関数の不定積分を求めよ.
(i) $(x-1)e^x$  (ii) $x^3 \ln x$

3° **$\sin x, \cos x$ の有理関数** $R(u, v)$ を $u, v$ の有理関数としたとき, $R(\sin x, \cos x)$ の積分は, $t = \tan \dfrac{x}{2}$ が**有理化変数**である. 三角関数の加法定理から

$$\sin x = \frac{2t}{1+t^2}, \quad \cos x = \frac{1-t^2}{1+t^2}, \quad \frac{dx}{dt} = \frac{2}{1+t^2} \qquad (3)$$

と, すべて $t$ の有理関数で表される.

**例 8.11** $\displaystyle\int \frac{1}{\sin x} dx.$ 変換(3)により

## 8.4 初等超越関数の積分例

$$\int \frac{1}{\sin x} dx = \int \frac{1+t^2}{2t} \cdot \frac{2}{1+t^2} dt$$
$$= \int \frac{1}{t} dt = \ln|t| = \ln\left|\tan\frac{x}{2}\right|.$$

$\int \frac{1}{\cos x} dx$ も同様にできるが，$\cos x = \sin\left(x + \frac{\pi}{2}\right)$ を利用して変換し

$$\int \frac{1}{\cos x} dx = \ln\left|\tan\left(\frac{x}{2} + \frac{\pi}{4}\right)\right| = \ln\left|\frac{1+\tan\frac{x}{2}}{1-\tan\frac{x}{2}}\right|$$

としてもよい．この最後の式は，三角関数の公式により

$$\ln\left|\frac{1+\sin x}{\cos x}\right|$$

とも変形できる．

**問 8.6** $\frac{1}{\cos x}$ の積分を変換(3)によって直接計算せよ．

実用上では $R(u, v)$ が $2\pi$ でなく $\pi$ を周期とすることがよくある．そのときにはこれを $\sin^2 x$, $\sin x \cdot \cos x$, $\cos^2 x$ の有理関数に書き換え，$t = \tan x$ により

$$\sin^2 x = \frac{t^2}{1+t^2}, \quad \cos^2 x = \frac{1}{1+t^2}, \quad \sin x \cdot \cos x = \frac{t}{1+t^2},$$

$$\frac{dx}{dt} = \frac{1}{1+t^2}$$

として有理化する方がよい．

**例 8.12** 
$$\int \tan x \, dx = \int \frac{t}{1+t^2} dt = \frac{1}{2}\ln(1+t^2)$$
$$= \frac{1}{2}\ln\frac{1}{\cos^2 x} = -\ln|\cos x|.$$

同様に $\int \frac{1}{\tan x} dx = \ln|\sin x|$ である．もっとも例 8.12 は

$$\int \frac{\sin x}{\cos x} \mathrm{d}x = \int \frac{-(\cos x)'}{\cos x} \mathrm{d}x = -\ln|\cos x|$$

と変形した方が速いだろう.

**問 8.7** 次の関数の不定積分を求めよ.

（ i ） $\sin x \cdot \cos x$　　（ ii ） $\dfrac{1}{\sin x \cdot \cos x}$　　（iii） $\dfrac{1}{\sin^2 x}$

4° $\int \sin^m x \cos^n x \, \mathrm{d}x = I_{m,n}$（$m, n$ は整数；正, 0, 負にわたる）

$\sin^2 x + \cos^2 x = 1$ の関係により変形すると, $m, n$ の一方が偶数で他方が奇数のときには

$$\int \sin^m x \cdot \cos x \, \mathrm{d}x = \frac{1}{m+1} \sin^{m+1} x, \qquad (4)$$

$$\int \sin x \cdot \cos^n x \, \mathrm{d}x = \frac{-1}{n+1} \cos^{n+1} x \qquad (4')$$

などによってうまく計算できる. 一般の場合には, 次のような漸化式を作る.

(4)によって $\sin^m x \cdot \cos x$ を積分し, $\cos^{n-1} x$ を微分する部分積分法によると

$$I_{m,n} = \frac{1}{m+1} \sin^{m+1} x \cdot \cos^{n-1} x$$
$$\qquad - \frac{n-1}{m+1} \int \sin^{m+1} x \cdot \cos^{n-2} x \, (-\sin x) \mathrm{d}x$$

となる. 最後の項で $\sin^2 x = 1 - \cos^2 x$ とすると, この項は

$$\frac{n-1}{m+1} \int \sin^m x (\cos^{n-2} x - \cos^n x) \mathrm{d}x = \frac{n-1}{m+1} I_{m,n-2} - \frac{n-1}{m+1} I_{m,n}$$

となるので, $I_{m,n}$ を左辺に移してまとめると

$$I_{m,n} = \frac{1}{m+n} \sin^{m+1} x \cdot \cos^{n-1} x + \frac{n-1}{m+n} I_{m,n-2}, \quad m+n \neq 0 \ (5)$$

を得る. (5)は $m+n \neq 0$ ならば, $m, n$ が負でも成立する. 同様に

## 8.4 初等超越関数の積分例

$$I_{m,n} = -\frac{1}{m+n}\sin^{m-1} x \cos^{n+1} x + \frac{m-1}{m+n}I_{m-2,n} \quad (6)$$

を得る.(6)も $m+n \neq 0$ ならば,$m, n$ が負でも成立する.(5),(6)によって,$m \geq 0, n \geq 0$ のときは $m, n$ を交互に2つずつ下げることができる.

(5),(6)で $n-2$ を $n$,$m-2$ を $m$ と置き換えて書き換えれば,それぞれ $n \neq -1$,$m \neq -1$ のときに

$$I_{m,n} = -\frac{1}{n+1}\sin^{m+1} x \cos^{n+1} x + \frac{m+n+2}{n+1}I_{m,n+2} \quad (7)$$

$$I_{m,n} = \frac{1}{m+1}\sin^{m+1} x \cos^{n+1} x + \frac{m+n+2}{m+1}I_{m+2,n} \quad (8)$$

を得る.これによって負の指数 $m, n$ を2つずつ大きく(絶対値を小さく)することができる.また $m+n=0$ のとき,$(m, n)$ が $(0,$

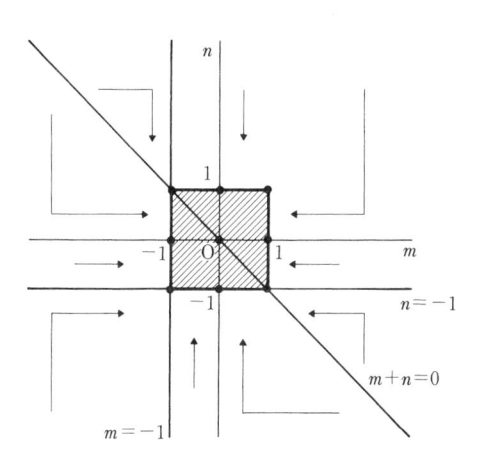

図 8.3 $I_{m,n}$ を漸化式で還元する経路

0), $(1, -1)$ 以外ならば, $m, n$ の一方が $\leq -2$ だから, (7), (8) によって2ずつ増やすことができる.

以上の漸化式を反復すれば, 任意の整数 $m, n$ に対する $I_{m,n}$ は, たとえば図8.3のような経路により, 有限回で $m$ も $n$ も $+1, 0, -1$ のいずれかである9個の値のいずれかに帰着する. これらは直接に計算できる. 積分定数を加えることによっていろいろ変形できるが, 典型的な形を表8.1に示しておく.

**表8.1** $m, n$ が $\pm 1, 0$ のときの $I_{m,n}$

| $m \setminus n$ | $-1$ | $0$ | $1$ |
|---|---|---|---|
| $1$ | $-\ln\|\cos x\|$ | $-\cos x$ | $\dfrac{1}{2}\sin^2 x$ |
| $0$ | $\ln\left\|\tan\left(\dfrac{x}{2}+\dfrac{\pi}{4}\right)\right\|$ | $x$ | $\sin x$ |
| $-1$ | $\ln\|\tan x\|$ | $\ln\left\|\tan\dfrac{x}{2}\right\|$ | $\ln\|\sin x\|$ |

**例8.13** $I_{2,0}=-\dfrac{1}{2}(\sin x \cdot \cos x - x)$, $I_{-2,0}=\dfrac{-\cos x}{\sin x}$.

**問8.8** $I_{0,2}, I_{0,-2}, I_{-2,1}$ を求めよ.

**付記** リッシュの算法について. 1830年代にリュービルが,「初等関数」の定義を検討し, 初等超越関数の不定積分が初等関数になる条件を研究した. そしてたとえば $\dfrac{e^x}{x}$, $e^{-x^2}$, $\dfrac{\sin x}{x}$ などの不定積分は初等関数で表されないことを証明した. その研究は細々と最近までうけつがれてきたが, 1970年頃リッシュが, 計算機による数式計算用の不定積分の算法として発展させた. それはある意味でエルミートの演算の一般化である. 与えられた被積分関数の形から, もしその不定積分が初等関数で表されれば, その形が定まるので, そのようにおいて微分し, もとの被積分関数と比較して助変数を定める. もしそこで矛盾が生じれば, その不定積分は初等関数では表されない.

たとえば, 有理関数 $\times e^x$ の不定積分が初等関数で表されるとすれ

ば, それは, 有理関数×$e^x$ の形である. たとえば $\dfrac{e^x}{x}$ について

$$\int \frac{e^x}{x} dx = R(x)e^x, \quad R(x) \text{ は } x \text{ の有理関数}$$

とおいて比較すると $R(x)+R'(x)=\dfrac{1}{x}$ となるが, しかしこのような有理関数は存在しない——$\dfrac{1}{x}$ は $R'(x)$ には現れないので, $R(x)$ 中に含まれるが, その微分 $\dfrac{-1}{x^2}$ を消す項が $R(x)$ に必要になる. そして $R(x)$ を部分分数に分解するとき, 分母が最高次の項の微分が消えずに矛盾になる. ゆえに $\dfrac{e^x}{x}$ の不定積分は初等関数ではない.

リッシュの算法は, 理論的にはほぼ完全だが, 計算機上に実現するにはいろいろと問題がある. またその理論は入門第一課で扱えるものではない. しかし「知っていて損をしない」便利な算法なので, いずれその簡単な場合が, 微分積分学の教科書で扱われる日を期待する.

## 8.5 定積分の例

1° **一般論** 定積分 $\int_a^b f(x)dx$ は, $f(x)$ の不定積分 $F(x)$ がわかれば, 差 $F(b)-F(a)$ としてただちに計算できる. なお $\int_0^\infty f(x)dx$ は, $\int_0^u f(x)dx$ において $u\to +\infty$ とした極限であり, $\lim_{u\to +\infty} F(u)=F(+\infty)$ と書くなら, 形式上同じ式でよい.

実際にはたとえば $F(x)$ に $\arctan x$ などの逆三角関数が含まれるときなど, 端点の値を求めるときに注意が必要である. 実際に計算機による数式処理の計算でも, 初心者と同じ誤りを犯した例がある. その一例を示す.

**例 8.14** $\int_0^\infty \dfrac{x^2+1}{x^4+x^2+1}\mathrm{d}x$ を求める．分母は $(x^2+x+1)(x^2-x+1)$ と因数分解でき，積分は

$$\frac{1}{2}\int_0^\infty \left[\frac{1}{x^2+x+1}+\frac{1}{x^2-x+1}\right]\mathrm{d}x$$
$$=\frac{1}{2\sqrt{3}}\left(\arctan\frac{2x+1}{\sqrt{3}}+\arctan\frac{2x-1}{\sqrt{3}}\right)\Big|_0^\infty.$$

これをこのままの形で計算すれば，$\dfrac{1}{2\sqrt{3}}\left(\dfrac{\pi}{2}-\dfrac{\pi}{6}+\dfrac{\pi}{2}+\dfrac{\pi}{6}\right)=\dfrac{\pi}{2\sqrt{3}}$ と正しい答を得る．しかしこの両項を $\tan$ の加法定理でまとめて $\dfrac{1}{2\sqrt{3}}\times\arctan\dfrac{\sqrt{3}x}{1-x^2}\Big|_0^\infty$ とし，$\dfrac{\sqrt{3}x}{1-x^2}$ が $x\to\infty$ のとき $0$，$x=0$ のときも $0$ だから $0-0=0$，としたのでは誤りである（被積分関数が正だから答は正のはず）．その理由は $\dfrac{\sqrt{3}x}{1-x^2}$ が $x=0$ から増加するとき，$x=1$ で不連続になるからである．したがってまず $0$ から $1$ までの積分 $\dfrac{1}{2\sqrt{3}}\cdot\dfrac{\pi}{2}$ を求め，次に $x=1$ から $\infty$ を別に計算する必要がある．$x$ が $1$ よりわずかに大きいときには $\dfrac{\sqrt{3}x}{1-x^2}$ は負で絶対値が大きいから，$\arctan$ は $-\infty$ に相当する $-\dfrac{\pi}{2}$ から始まって $0$ まで変化し，$\dfrac{1}{2\sqrt{3}}\left(0-\left(-\dfrac{\pi}{2}\right)\right)=\dfrac{1}{2\sqrt{3}}\cdot\dfrac{\pi}{2}$．ゆえに合計して $\dfrac{\pi}{2\sqrt{3}}$ となる．

2° **特定区間の例** ある場合には不定積分は初等積分で表されないが，特別な区間の定積分が計算できる．簡単な一例をあげる．

**例 8.15** $I=\int_0^{\frac{\pi}{2}}\ln(\sin x)\mathrm{d}x$ （**オイラーの積分**）．

$\sin(\pi-x)=\sin x$ により，$\int_0^\pi \ln(\sin x)\mathrm{d}x=2I$．また $\sin x=\cos\left(\dfrac{\pi}{2}\right.$

$-x\Big)$ により $\int_0^{\frac{\pi}{2}}\ln(\cos x)\mathrm{d}x = I$ に注意する. $x$ を $2x$ に置き換え

$$2I = \int_0^\pi \ln(\sin x)\mathrm{d}x = 2\int_0^{\frac{\pi}{2}}\ln(\sin 2x)\mathrm{d}x \qquad (1)$$

として $\sin 2x = 2\sin x \cos x$ に注意すると, (1)の右辺を変形して

$$\begin{aligned}I &= \int_0^{\frac{\pi}{2}}\ln(2\sin x \cos x)\mathrm{d}x \\ &= \int_0^{\frac{\pi}{2}}(\ln 2)\mathrm{d}x + \int_0^{\frac{\pi}{2}}\ln(\sin x)\mathrm{d}x + \int_0^{\frac{\pi}{2}}\ln(\cos x)\mathrm{d}x \\ &= \frac{\pi}{2}\ln 2 + 2I.\end{aligned}$$

これから $I = -\left(\dfrac{\pi}{2}\right)\ln 2 = -1.088793045$ を得る. □

3° **ベータ関数** 不定積分が初等関数で表されても, 定積分を直接に漸化式などで計算した方が速い場合もある. その典型例は次の**ベータ関数**である:

$$B(\alpha,\beta) = \int_0^1 x^{\alpha-1}(1-x)^{\beta-1}\mathrm{d}x \; ; \; \alpha,\beta > 0. \qquad (2)$$

まず $1-x$ を $x$ と置き換えることにより**対称性** $B(\alpha,\beta) = B(\beta,\alpha)$ がでる. これに帰する定積分は多い. たとえば $u = \dfrac{1-x}{x}$ と置換すれば

$$B(\alpha,\beta) = \int_0^\infty \frac{u^{\beta-1}}{(u+1)^{\alpha+\beta}}\mathrm{d}u \qquad (3)$$

となる. 一度(2)を $x = t^2$ と置き換えてから, $t = \sin\theta$ とおけば

$$\frac{1}{2}B(\alpha,\beta) = \int_0^{\frac{\pi}{2}}\sin^{2\alpha-1}\theta \cdot \cos^{2\beta-1}\theta\,\mathrm{d}\theta \qquad (4)$$

である. 次に $B(\alpha,\beta)$ の**漸化式**をだそう.

(3)の形で $u^{\beta-1}$ を積分し, $\dfrac{1}{(u+1)^{\alpha+\beta}}$ を微分する部分積分法

をほどこすと

$$B(\alpha,\beta)=\frac{u^\beta}{\beta(u+1)^{\alpha+\beta}}\bigg|_0^\infty+\frac{\alpha+\beta}{\beta}\int_0^\infty\frac{u^\beta}{(u+1)^{\alpha+\beta+1}}\mathrm{d}u$$
$$=\frac{\alpha+\beta}{\beta}B(\alpha,\beta+1)$$

を得る．したがって次の式を得る：

$$B(\alpha,\beta+1)=\frac{\beta}{\alpha+\beta}B(\alpha,\beta), \tag{5}$$

同様に

$$B(\alpha+1,\beta)=\frac{\alpha}{\alpha+\beta}B(\alpha,\beta).$$

ここでベータ関数の特別な値を計算しよう．まず(2)から

$$B(\alpha,1)=\frac{1}{\alpha} \quad 特に\ B(1,1)=1 \tag{6}$$

である．(5)を反復適用すれば，$m, n$ を正の整数とするとき

$$B(m,n)=\frac{(m-1)!(n-1)!}{(m+n-1)!} \tag{7}$$

となる．他方(4)から

$$B\left(\frac{1}{2},\frac{1}{2}\right)=2\int_0^{\frac{\pi}{2}}\mathrm{d}\theta=\pi \tag{8}$$

なので，$m, n$ を正の整数とするとき，(5)を反復適用して

$$B\left(\frac{m+1}{2},\frac{n+1}{2}\right)=\pi\frac{(2m-1)!!(2n-1)!!}{2^{m+n}(m+n)!} \tag{9}$$

を得る．ここに $(2m-1)!!=(2m-1)(2m-3)\cdots 5\cdot 3\cdot 1$, $(-1)!!=1$ である．同じく $B\left(1,\frac{1}{2}\right)=2$ から，$m, n$ を正の整数とすると

$$B\left(m,n+\frac{1}{2}\right)=\frac{2^m(m-1)!(2n-1)!!}{(2m+2n-1)!!}. \tag{10}$$

## 8.5 定積分の例

4° **ウォリスの公式** 最後に1つの応用をあげる.ふたたび(4)から,$m$を正の整数として

$$I_m = \int_0^{\frac{\pi}{2}} \sin^m x \, \mathrm{d}x = B\left(\frac{m+1}{2}, \frac{1}{2}\right) \tag{11}$$

である.この値は$m$が偶数$2l$ならば,$\dfrac{\pi(2l-1)!!}{2^l l!}$であり,奇数$(2l-1)$ならば$\dfrac{2^l(l-1)!}{(2l-1)!!}$である.

ところで$0<x<\dfrac{\pi}{2}$で$0<\sin x<1$だから,$m$が大きくなれば$I_m$は減少する.そして(11)と(5)とから$\dfrac{I_{m-2}}{I_m}=\dfrac{m+2}{m+1}$なので

$$1 < \frac{I_{m-1}}{I_m} < \frac{I_{m-2}}{I_m} = \frac{m+2}{m+1} \to 1 \quad (m\to\infty)$$

だから,$m\to\infty$のとき$\dfrac{I_{m-1}}{I_m}\to 1$である.$m=2l$とすると

$$\frac{I_{m-1}}{I_m} = \frac{2^l(l-1)!\, 2^l l!}{(2l-1)!!\,(2l-1)!!\,\pi} \to 1 \quad (l\to\infty), \tag{12}$$

また$m=2l+1$とすれば

$$\frac{I_{m-1}}{I_m} = \frac{2^{l+1} l!\, 2^l l!}{(2l-1)!!\,(2l+1)!!\,\pi} \to 1 \quad (l\to\infty) \tag{13}$$

である.(13)を具体的に書くと次のようになる:

$$\frac{2\,2\,4\,4\,6\cdots(2l-2)\,2l\,2l}{1\,3\,3\,5\,5\cdots(2l-1)(2l-1)(2l+1)} \to \frac{\pi}{2} \quad (l\to\infty), \tag{14}$$

あるいはこの平方根をとって,$l\to\infty$のとき

$$\frac{2}{3}\cdot\frac{4}{5}\cdot\frac{6}{7}\cdots\frac{2l}{2l+1}\cdot\sqrt{2l+1} = \frac{(2^l l!)^2}{\sqrt{2l+1}\,(2l)!} \to \sqrt{\frac{\pi}{2}}. \tag{15}$$

### スターリングの公式

組合せ問題や確率論で,しばしば階乗 $n!$ が現れる.そのだいたいの大きさを計る公式として,**スターリングの公式**

$$n! \sim \sqrt{2\pi n}\, n^n \mathrm{e}^{-n} \tag{1}$$

がある.ここで $\sim$ とは,$n\to\infty$ のとき両辺の比が1に近づくという意味である.じつは $n!$ は急激に大きくなり,(1)の両辺の**差**はいくらでも大きくなる.ただその大きくなり方が $n!$ より遅いために,比が1に近づく次第である.

この公式は「証明が難しい」として敬遠される場合が多いが,以下のようにして比較的容易に証明ができる.在来の証明が難しかったのは,極限値の存在の部分だが,以下のようにすれば,それが定積分の話に含まれて,自動的にでる.

> **補助定理1** 区間 $[a,b]$ において $f(x)$ が微分可能,導関数 $f'(x)$ も微分可能,$f''(x)$ が連続(で積分可能)ならば,次の式が成立する:
> $$\int_a^b f(x)\mathrm{d}x - \frac{b-a}{2}[f(a)+f(b)]$$
> $$= -\frac{1}{2}\int_a^b f''(x)(x-a)(b-x)\mathrm{d}x. \tag{2}$$

**証明**
$$\int_a^b f''(x)(x-a)(b-x)\mathrm{d}x = f'(x)(x-a)(b-x)\Big|_a^b$$
$$+ \int_a^b f'(x)(2x-(a+b))\mathrm{d}x \qquad (部分積分)$$
$$= f(x)(2x-(a+b))\Big|_a^b - \int_a^b f(x) 2\,\mathrm{d}x$$
$$= (b-a)[f(a)+f(b)] - 2\int_a^b f(x)\mathrm{d}x. \quad\square$$

**補助定理2** 補助定理1と同じ条件で，さらに $|f''(x)| \leq M$ とする．区間 $[a, b]$ を $n$ 等分： $a_k = a + \dfrac{(b-a)k}{n}$ して各小区間に台形公式を適用した値を
$$T_n = h\Big[\frac{1}{2}f(a) + \sum_{k=1}^{n-1} f(a_k) + \frac{1}{2}f(b)\Big], \quad h = \frac{b-a}{n}$$
とすると，$n\Big[\int_a^b f(x)\mathrm{d}x - T_n\Big] \to 0 \ (n \to \infty)$ である．

**証明** 各小区間 $[a_{k-1}, a_k]$ $(k=1, 2, \cdots, n)$ に(2)を適用すると
$$\int_a^b f(x)\mathrm{d}x - T_n = -\frac{1}{2}\sum_{k=1}^n \int_{a_{k-1}}^{a_k} f''(x)(x-a_{k-1})(a_k - x)\mathrm{d}x \quad (3)$$
である．$|f''(x)| \leq M$ であり，$\int_a^b (x-a)(b-x)\mathrm{d}x = \dfrac{(b-a)^3}{6}$ だから，おのおのの積分は
$$\Big|\int_{a_{k-1}}^{a_k} f''(x)(x-a_{k-1})(a_k-x)\mathrm{d}x\Big| \leq M \int_{a_{k-1}}^{a_k}(x-a_{k-1})(a_k-x)\mathrm{d}x$$
$$= \frac{M}{6}(a_k - a_{k-1})^3.$$
したがって(3)の右辺の絶対値は $\dfrac{M}{12}n \cdot h^3 = \dfrac{M(b-a)^3}{12n^2}$ を越えない．ゆえにその $n$ 倍は $n \to \infty$ のとき0に近づく．□

補助定理2を区間 $[1, 2]$ において $f(x) = \ln x$ に適用すると，$f''(x) = -\dfrac{1}{x^2}$, $M = 4$ でよく
$$\int_a^b f(x)\mathrm{d}x = \int_1^2 \ln x \, \mathrm{d}x = [x \ln x - x]\Big|_1^2 = 2\ln 2 - 1,$$
$$T_n = \frac{1}{n}\Big[\sum_{k=1}^n \ln\Big(1 + \frac{k}{n}\Big) - \frac{1}{2}\ln 2\Big] = \frac{1}{n}\Big[\ln\frac{(2n)!}{n!\,n^n} - \frac{1}{2}\ln 2\Big]$$
なので，$n \to \infty$ のとき
$$\Big(2n + \frac{1}{2}\Big)\ln 2 - n - \ln\frac{(2n)!}{n!\,n^n} \to 0$$

となる.指数関数に代入すれば,次の式を得る:

$$\frac{\sqrt{2}\,2^{2n}\cdot e^{-n}n^n n!}{(2n)!} \to 1 \qquad (n\to\infty). \tag{4}$$

他方,本文8.5節で述べたウォリスの公式は,$n\to\infty$ のとき

$$\frac{(2^n n!)^2}{(2n)!}\frac{1}{\sqrt{2n+1}} \to \sqrt{\frac{\pi}{2}} \tag{5}$$

である.$\sqrt{\dfrac{2n+1}{2n}}\to 1$ に注意して(5)の分母子を入れ替えると

$$\frac{\sqrt{2n}(2n)!}{2^{2n}n!\,n!} \to \sqrt{\frac{2}{\pi}} \tag{5'}$$

となる.(4)と(5')とを掛け合わせて定数倍すると,$n\to\infty$ のとき

$$\frac{e^{-n}n^n\sqrt{2n\pi}}{n!} \to 1$$

を得る.これは(1)を意味する.□

証明は略すが(1)の右辺に $\left(1+\dfrac{1}{12n}\right)$ を掛けて補正すると,近似がさらによくなる.念のために表8.Aに $n!$ のいくつかの値とスターリングの公式による近似値を示す.

表8.A $n!$

| $n$ | $n!$ | スターリングの公式 | 補正 $\left(1+\dfrac{1}{12n}\right)$ |
|---|---|---|---|
| 2 | 2 | 1.91900 | 1.99896 |
| 5 | $1.2\times 10^2$ | $1.18019\times 10^2$ | $1.19986\times 10^2$ |
| 10 | $3.6288\times 10^6$ | $3.59869\times 10^6$ | $3.62868\times 10^6$ |
| 20 | $2.43290\times 10^{18}$ | $2.42279\times 10^{18}$ | $2.43288\times 10^{18}$ |
| 50 | $3.04141\times 10^{64}$ | $3.03634\times 10^{64}$ | $3.04141\times 10^{64}$ |
| 100 | $9.33262\times 10^{157}$ | $9.32485\times 10^{157}$ | $9.33262\times 10^{157}$ |

(14), (15)を**ウォリスの公式**という.収束が遅く,たとえば(14)で $2l=20$ のとき $1.53385$, $2l=50$ のとき $1.55547$ 程度である.$1.57$ まで達するには $2l=100$ まで要するなどで,$\pi$ の近似値計算用には不向きだが,理論上興味深い公式である.

**問 8.9** ベータ関数を利用して,次の定積分を求めよ.

(i) $\displaystyle\int_0^1 x(1-x)\,\mathrm{d}x$　　(ii) $\displaystyle\int_0^\infty \frac{\mathrm{d}x}{1+x^2}$

## 第 8 章の演習問題

1. 次の関数の不定積分を求めよ.

(i) $\dfrac{x}{(x-1)(x+1)(x+3)}$　　(ii) $\dfrac{1}{x^5-10x^2+15x-6}$

((ii)の分母の無平方分解は $(x-1)^3(x^2+3x+6)$)

(iii) $\dfrac{1}{1+x^4}$　　(iv) $\dfrac{1}{\sqrt{x^2-1}}$　　(v) $\sqrt{1-x^2}$

(vi) $\tan^2 x$　　(vii) $\ln(x^2+1)$ (1 との積として部分積分)

2. 次の定積分を求めよ.

(i) $\displaystyle\int_0^1 \sqrt{x(1-x)}\,\mathrm{d}x$　　(ii) $\displaystyle\int_0^\infty \frac{\mathrm{d}x}{(1+x^2)^2}$

(iii) $\displaystyle\int_0^{\frac{\pi}{2}} \sin^2 x\,\mathrm{d}x$　　(iv) $\displaystyle\int_0^2 x\mathrm{e}^x\,\mathrm{d}x$　　(v) $\displaystyle\int_0^1 \ln x\,\mathrm{d}x$

*3. 2 次曲線 $Q: ax^2+bxy+cy^2+dx+ey+f=0$ 上に定点 $(x_0,y_0)$ を定め,そこを通る直線 $y-y_0=t(x-x_0)$ と $Q$ との他の交点 $(x,y)$ を対応させると,$t$ が有理化変数になることを証明せよ.

4. 円 $x^2+y^2=1$ を $x=\cos\theta$, $y=\sin\theta$ と表したとき $t=\tan\dfrac{\theta}{2}$ とおいた量はどのような図形的意味をもつか.またそれによって $x,y$ が有理化される理由を 3 と合わせて考察せよ.

*166* 第8章 積分の計算*

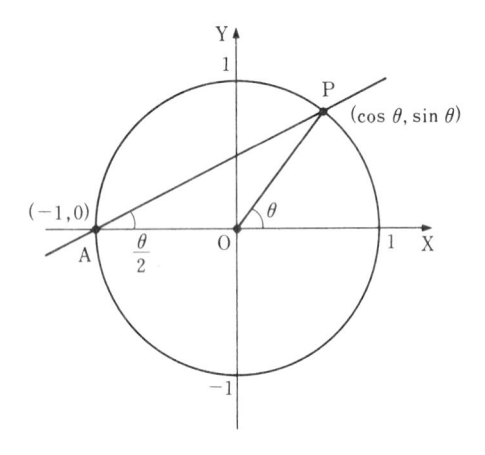

図 8.4 円の有理化

*5. $e^{-x^2}$ の不定積分が初等関数ならば，多項式×$e^{-x^2}$ の形であることがリッシュの算法からわかる．このような多項式が存在せず，したがってこの不定積分は初等関数でないことを証明せよ．

6. 半径 1 の四半円の面積は $\int_0^1 \sqrt{1-x^2}\,\mathrm{d}x = \dfrac{\pi}{4}$ である．

（ⅰ）これをベータ関数を利用して求めよ．

（ⅱ）適当な変換によりこれから $\int_0^1 \dfrac{\mathrm{d}x}{1+x^2} = \dfrac{\pi}{4}$ を導け．

# 演習問題略解

**第1章**

問 1.1 $\mu(B)=\mu(B-A)+\mu(A)\geqq\mu(A)$.

問 1.2 短冊型を両端の高さを対辺とした台形で近似した値. これが真値より大きいのは, $y=x^2$ が下に凸で, 両端を結ぶ線分より下にあるため(第4章囲み記事参照).

問 1.3 $A$ の体積は, 区間 $[a,b]$ を $n$ 等分した点 $t_i$ での切口の面積 $S(t_i)$ の和に $\dfrac{b-a}{n}$ を掛け, $n\to\infty$ としたときの極限とみなされるから, $S(t_i)=R(t_i)$ なら $B$ の体積と等しい.

**演習問題**

1. $\dfrac{1}{n}\sum_{k=1}^{n}\dfrac{k}{n}=\dfrac{n(n+1)}{2n^2}=\dfrac{n+1}{2n}\to\dfrac{1}{2}$ $(n\to\infty)$.

2. $\dfrac{1}{n}\sum_{k=1}^{n}\left(\dfrac{k}{n}\right)^3=\dfrac{n^2(n+1)^2}{4n^4}=\dfrac{(n+1)^2}{4n^2}\to\dfrac{1}{4}$ $(n\to\infty)$. (厳密には上下から評価する)

3. (ⅰ) 切口は円環で外径 1, 内径 $\sqrt{1-t^2}$, ゆえに面積は $\pi(1-(1-t^2))=\pi t^2$.

(ⅱ) 角錐の場合と同様だが赤道の両側があるので $\dfrac{2\pi}{n}\sum_{k=1}^{n}\left(\dfrac{k}{n}\right)^2=\dfrac{2n(n+1)(2n+1)}{6n^3}\to\dfrac{2\pi}{3}$ $(n\to\infty)$.

(ⅲ) 円柱の体積が $\pi$ なので $\dfrac{4\pi}{3}$.

168  演習問題略解

### 第 2 章

問 2.1 $\dfrac{(t_0+h)^2-t_0^2}{h} \to 2t_0$ m/sec $(h\to 0)$.

問 2.2 $\dfrac{a(x_0+h)+b-(ax_0+b)}{h} \to a$ $(h\to 0)$.

問 2.3 （ⅰ） $-f'(x_0)$  （ⅱ） $f'(x_0)$.

問 2.4 （ⅰ） $2x-2$  （ⅱ） $1-\dfrac{1}{x^2}$  （ⅲ） $\dfrac{1}{2\sqrt{x+3}}$.

### 演習問題

1. （ⅰ） $6x^2+3$  （ⅱ） $3(x+1)^2$  （ⅲ） $2x+\dfrac{2}{x^3}$

  （ⅳ） $\dfrac{-2}{(x+3)^2}$  （ⅴ） $\dfrac{1}{\sqrt{2x-3}}$.

2. $y-a^2=2a(x-a)$ すなわち $y-2ax=a^2$. $y=x^2$ と $y-a^2=m(x-a)$ と連立させると $x^2-mx+a(m-a)=0$ であり，二重解の条件は $m^2-4a(m-a)=(m-2a)^2=0$, つまり $m=2a$.

3. （ⅰ） 交点の $x$ 座標は $x^2-mx-\dfrac{1}{4}=0$ の解 $x_1, x_2 = \dfrac{m\pm\sqrt{m^2-1}}{2}$. 接線の方程式は $y-2x_i x=x_i^2$ $(i=1,2)$.

  （ⅱ） $y=x_1 x_2=\dfrac{-1}{4}$ という直線(の全体).

4. （ⅰ） $\dfrac{(x+h)^{\frac{1}{3}}-x^{\frac{1}{3}}}{h} = \dfrac{(x+h)-x}{h[(x+h)^{\frac{2}{3}}+x^{\frac{1}{3}}(x+h)^{\frac{1}{3}}+x^{\frac{2}{3}}]} \to \dfrac{1}{3x^{\frac{2}{3}}}$ $(h\to 0)$.

  （ⅱ） $\dfrac{(x+h)^{\frac{3}{2}}-x^{\frac{3}{2}}}{h}$
  $= \dfrac{[(x+h)^{\frac{1}{2}}-x^{\frac{1}{2}}][(x+h)+((x+h)x)^{\frac{1}{2}}+x]}{h}$
  $\to \dfrac{3x}{2x^{\frac{1}{2}}}=\dfrac{3x^{\frac{1}{2}}}{2}$ $(h\to 0)$.

**5.** 重複解をもつ条件は判別式 $b^2-4ac=0$ で解は $\dfrac{b}{2a}$. これは $f'(x)=2ax-b=0$ の解でもある. 逆に $f'(x)=2ax-b=0$ の解 $\dfrac{b}{2a}$ が $f(x)=0$ の解でもあれば, $b^2-4ac=0$ である.

### 第3章
**問 3.1** $-|f(x)|\leq f(x)\leq |f(x)|$ から
$$-\int_a^b |f(x)|\,\mathrm{d}x \leq \int_a^b f(x)\,\mathrm{d}x \leq \int_a^b |f(x)|\,\mathrm{d}x.$$
右辺は正, 左辺は負. ゆえに $\left|\int_a^b f(x)\,\mathrm{d}x\right| \leq \int_a^b |f(x)|\,\mathrm{d}x$.

**問 3.2** 小区間 $[a_{i-1}, a_i]$ での $f(x)$ の最大値, 最小値を $f(u_i), f(v_i)$ とすれば,
$$\begin{aligned}\overline{S}(f;\varDelta)-\underline{S}(f;\varDelta) &= \sum_{i=1}^n [f(u_i)-f(v_i)](a_i-a_{i-1}) \\ &\leq \sum_{i=1}^n L|u_i-v_i|(a_i-a_{i-1}) \\ &\leq Lm(\varDelta)\cdot \sum_{i=1}^n (a_i-a_{i-1}) = L\cdot m(\varDelta)(b-a).\end{aligned}$$
ゆえに $m(\varDelta)\to 0$ のときこの差 $\to 0$ となり, 上下の積和は共通の極限値に近づく.

**問 3.3** $-L\leq f'(x)\leq L$ なので $u\leq v$ として区間 $[u, v]$ に有限増分の定理を使えば $-L(v-u)\leq f(v)-f(u)\leq L(v-u)$ すなわち $|f(u)-f(v)|\leq L|u-v|$.

**問 3.4** $G'(t)=-f(t)$.

**問 3.5** (i) $\dfrac{x^2}{2}-x$ (ii) $\dfrac{x^4}{4}$ (iii) $\dfrac{1}{x}$ (積分定数省略).

### 演習問題
**1.** 区間 $[a, b]$ の分割 $\varDelta$ に分点 $c$ を追加して $\varDelta'$ とすると, $\underline{S}(f;\varDelta)\leq \underline{S}(f;\varDelta')\leq \overline{S}(f;\varDelta')\leq \overline{S}(f;\varDelta)$. $\varDelta'$ で $[a, c]$, $[c, b]$ の区間のみを細分すれば, 中央の2項は $\int_a^c f(x)\,\mathrm{d}x + \int_c^b f(x)\,\mathrm{d}x$ に近づき, 全体が

$[a, b]$ の上下の積和に含まれる．$m(\Delta) \to 0$ とすればそれは $\int_a^b f(x)\mathrm{d}x$ に近づき，両者は相等しい．

**2.** $x = 0$ において連続でないため．

**3.** （ⅰ） $\left.\dfrac{x^2}{2} - x\right|_1^2 = \dfrac{1}{2}$ （ⅱ） $\left.\dfrac{x^4}{4}\right|_0^1 = \dfrac{1}{4}$ （ⅲ） $\left.-\dfrac{1}{x}\right|_{\frac{1}{2}}^1 = 1$．

**4.** $|x|$ は $x \leq 0$ のとき $-x$，$x \geq 0$ のとき $x$ だから，$x \leq 0$ のとき $\dfrac{-x^2}{2}$，$x \geq 0$ のとき $\dfrac{x^2}{2}$．合わせて $\dfrac{x|x|}{2}$ と書いてもよい（積分定数省略）．

### 第4章

問 **4.1** 切りとる正方形の一辺の長さを $x$ cm とすると，$V(x) = x(10 - 2x)(16 - 2x) = 4x(5 - x)(8 - x)$ $(0 \leq x \leq 5)$．$V'(x) = 4(3x^2 - 26x + 40) = 4(x - 2)(3x - 20)$．$x = 2$ が単峰極大（$x = \dfrac{20}{3}$ は極小だが，$x > 5$ であって範囲に含まれない）で，このとき最大，体積は 144 cm³．

問 **4.2** 和を $s$ とすると $f(x) = x(s - x)$ $(0 \leq x \leq s)$ の最大である．$f'(x) = s - 2x$ で，$x = \dfrac{s}{2}$ が単峰極大，両端で $f(x) = 0$ なのでこれが最大である．これは $x = s - x$ のときに相当する．

問 **4.3** $-\sqrt{a}$ に近づく．

問 **4.4** $\dfrac{f(x)}{f'(x)} = \left(\dfrac{1}{x^2} - a\right) \Big/ \left(-\dfrac{2}{x^3}\right) = \dfrac{x - ax^3}{2}$．ゆえに反復は $x_{k+1} = x_k\left(\dfrac{3}{2} - \dfrac{a}{2}x_k^2\right)$ となる．$\dfrac{a}{2}$ を最初に計算し，$\dfrac{3}{2} = 1.5$ を定数とすれば，除法は不要である．

問 **4.5** $\dfrac{v^2}{2g}$ m．

問 **4.6** 本文公式(10)から $\dfrac{V}{\alpha} = T - \dfrac{L}{V} = 6 - \dfrac{12 \times 60}{200} = 2.4$ 分．$\alpha = \dfrac{200}{2.4 \times 60} = \dfrac{25}{18} \fallingdotseq 1.4$ km/分/分 = 1.4 km/時/秒．

問 4.7 範囲は $\{(x, y) | x^3 \leq y \leq x, 0 \leq x \leq 1\}$. 面積は $\int_0^1 (x - x^3) dx = \dfrac{1}{2} - \dfrac{1}{4} = \dfrac{1}{4}$.

問 4.8 $\pi \int_0^l \left(\dfrac{r}{l} x\right)^2 dx = \dfrac{\pi r^2}{3l} x^3 \Big|_0^l = \dfrac{\pi}{3} r^2 l = \dfrac{\text{底面積} \times \text{高さ}}{3}$.

**演習問題**

1. 円錐の底面の半径を $x$ とする $(0 \leq x \leq r)$ と，中心角を $\dfrac{360° \times x}{r}$ に切ったことになる．円錐の体積は $\dfrac{\sqrt{r^2 - x^2} \cdot x^2 \pi}{3}$. 定数を除き 2 乗し，$x^2 = t$ として $f(t) = (r^2 - t) t^2$ を最大にする．$f'(t) = 2r^2 t - 3t^2$ で，$t = \dfrac{2r^2}{3}$ が単峰極大 ($t = 0$ は極小) で最大．すなわち最大は $x = \sqrt{\dfrac{2}{3}} r$ (中心角 293.°939…) のとき．—— 注．のりしろを無視し，切りとった扇形の両方から作った円錐の体積の和を最大にするのは難問である．このとき対称な半円 2 個は，一方の中心角を変数としたとき極小であって，最大はそれとはずれた位置に現れる．

2. 反復式は $x_{k+1} = \dfrac{a x_k^2 - c}{2a x_k + b}$. 計算に誤差がなければ $x_0 \gtreqless \dfrac{-b}{2a}$ に応じて大きい解または小さい解に近づく．$4ac = b^2$ のときは $x_{k+1} + \dfrac{b}{2a} = \dfrac{1}{2}\left(x_k + \dfrac{b}{2a}\right)$ となり，理論上は解 $\dfrac{-b}{2a}$ に近づくが，その近づき方は遅く，わずかの誤差に左右されやすい．

3. 反復式は $x_{k+1} = \dfrac{2 x_k^3 - 1}{3(x_k^2 - 1)}$. $x_0 = \dfrac{1}{3}$ とすると $x_1 = 0.3472222222$, $x_2 = 0.3472963553$, 以下同じで，$x_2$ は末位まで正しい．

4. $y_i = x_i^2$, $x_3 = \dfrac{x_1 + x_2}{2}$. $x_1 < x_2$ とすると放物線と弦の間の面積は $\int_{x_1}^{x_2} [x^2 - (x_1 + x_2)x + x_1 x_2] dx = \dfrac{(x_2 - x_1)^3}{6}$. 三角形の面積は $\dfrac{1}{2}(x_2 - x_1)\left[\dfrac{(x_1 + x_2)^2}{4} - x_1 x_2\right] = \dfrac{(x_2 - x_1)^3}{8}$. ゆえに両者の比は $4 : 3$ である．

## 172 演習問題略解

**5.** $\int_0^1 \pi(\sqrt{y})^2 dy = \dfrac{\pi}{2}$.

**6.** 止まるまでの距離は $l = \dfrac{v^2}{2a}$. $v = \sqrt{2la} = \sqrt{2 \times 0.6 \times 3} = \sqrt{3.6} \fallingdotseq$ 1.9 km/分,したがってほぼ時速 114 km.

### 第 5 章

問 5.1 $\left(\dfrac{1}{x^n}\right)' = \dfrac{n}{x^{n-1}} \cdot \left(\dfrac{-1}{x^2}\right) = \dfrac{-n}{x^{n+1}}$.

問 5.2 $\left(\dfrac{1}{x^n}\right)' = \dfrac{-nx^{n-1}}{(x^n)^2} = \dfrac{-n}{x^{n+1}}$.

問 5.3 $\dfrac{f'(x)}{2\sqrt{f(x)}}$. $\dfrac{x}{\sqrt{1+x^2}}$.

問 5.4 （ⅰ） $y' = \dfrac{ad-bc}{(cx+d)^2}$  （ⅱ） $\dfrac{ad-bc}{(-cx+a)^2}$  （ⅲ） $y = \dfrac{ax+b}{cx+d}$ とすると $-cy+a = \dfrac{ad-bc}{cx+d}$. ゆえに $\dfrac{ad-bc}{(-cy+a)^2} = \dfrac{(cx+d)^2}{ad-bc} = \dfrac{1}{y'}$.

### 演習問題

**1.** （ⅰ） $(x+1)^2 + 2(x+1)(x-2) = 3(x^2-1)$  （ⅱ） $\dfrac{2}{(x+1)^2}$

 （ⅲ） $\dfrac{5x^{\frac{3}{2}}}{2}$.

**2.** $f'(x) = \dfrac{-x}{\sqrt{1-x^2}}$, $f''(x) = \dfrac{-1}{(1-x^2)^{\frac{3}{2}}}$.

**3.** （ⅰ） $x = f(t)$ の逆関数を $t = \check{f}(x)$ と表すと
$$\dfrac{dy}{dx} = \dfrac{dg(\check{f}(x))}{dx} = \dfrac{dg(t)}{dt} \cdot \dfrac{d\check{f}(x)}{dx} = \dfrac{dy}{dt} \Big/ \dfrac{df}{dt}.$$

（ⅱ） $\dfrac{dx}{dt} = \dfrac{-4t}{(1+t^2)^2}$, $\dfrac{dy}{dt} = \dfrac{2(1-t^2)}{(1+t^2)^2}$, $\dfrac{dy}{dx} = \dfrac{-(1-t^2)}{2t} = \dfrac{-x}{y}$. じつは $x^2 + y^2 = 1$ なので, $x\,dx + y\,dy = 0$ であり,これはまた $\dfrac{\mp x}{\sqrt{1-x^2}}$ とも書ける.

演習問題略解　　*173*

4. $y_k \to y$ が単調増加なら，$\check{f}(y_k)=x_k$ も増加であって，ある値 $\xi$ に近づく．$f(x_k)=y_k \to f(\xi)=y$ だから $\xi=\check{f}(y)$ である．$y_k \to y$ が単調減少のときも同様である．したがって $y_k \to y$ のとき $\check{f}(y_k) \to \check{f}(y)$ だから，$\check{f}(y)$ は連続である．

5. $f'(x) = u_1'(x)v_2(x) - v_1'(x)u_2(x) + u_1(x)v_2'(x) - v_1(x)u_2'(x)$
$$= \begin{vmatrix} u_1'(x) & u_2(x) \\ v_1'(x) & v_2(x) \end{vmatrix} + \begin{vmatrix} u_1(x) & u_2'(x) \\ v_1(x) & v_2'(x) \end{vmatrix}.$$

### 第6章

問 6.1　（ⅰ）$\dfrac{2\pi}{3}$　　（ⅱ）$\dfrac{3\pi}{4}$　　（ⅲ）$\dfrac{2\pi}{9}$　　（ⅳ）$\dfrac{\pi}{8}$.

問 6.2　1, 0　$\left(\text{後者は，}\dfrac{\sin x}{x} \cdot \dfrac{1-\cos x}{x \cdot \cos x} \to 1 \cdot 0 = 0\right)$. —— **注**．後者の分母が $x^3$ なら，極限値は $\dfrac{1}{2}$ である．

問 6.3　$\dfrac{\cos(x+h)-\cos x}{h} = \dfrac{1}{h}(\cos x \cos h - \sin x \sin h - \cos x)$
$= -\cos x \dfrac{1-\cos h}{h} - \sin x \cdot \dfrac{\sin h}{h} \to -\sin x$ （$h \to 0$）.

問 6.4　$\dfrac{\sin x}{\cos^2 x}$, $\dfrac{-\cos x}{\sin^2 x}$.

問 6.5　$\arcsin x = \arctan \dfrac{x}{\sqrt{1-x^2}}$ として微分すると
$$\dfrac{1}{1+\left(\dfrac{x}{\sqrt{1-x^2}}\right)^2}\left[\dfrac{1}{\sqrt{1-x^2}} + \dfrac{x^2}{(1-x^2)^{\frac{3}{2}}}\right]$$
$$= \dfrac{1-x^2}{1-x^2+x^2} \cdot \dfrac{1}{\sqrt{1-x^2}} \cdot \dfrac{1-x^2+x^2}{1-x^2} = \dfrac{1}{\sqrt{1-x^2}}.$$

問 6.6　$(\mathrm{e}^{\alpha x})' = \alpha \cdot \mathrm{e}^{\alpha x}$；$\mathrm{e}^\alpha = a$ とすると $m_a = \alpha$, したがって $\alpha = \ln a$.

問 6.7　$\dfrac{1}{x-\sqrt{x^2-1}} \cdot \left(1 - \dfrac{x}{\sqrt{x^2-1}}\right) = -\dfrac{1}{\sqrt{x^2-1}}$.

### 演習問題

1. （ⅰ）$\cos^2 x - \sin^2 x = \cos 2x$　　（ⅱ）$-2x \exp(-x^2)$

(iii) $\dfrac{1}{\sqrt{x^2-1}}$  (iv) $\ln|x|+1$  (v) $e^x(\sin x+\cos x)$

(vi) $\dfrac{1}{\sin x\cdot\cos x}$.

2. $(\ln x)'=\dfrac{1}{x}$, $\ln 1=0$ から $\ln t=\displaystyle\int_1^t \dfrac{dx}{x}$ であり, e は $\ln e=1$ である値である.

3. $\dfrac{1}{x}$ は $x>0$ で凸関数なので, $\displaystyle\int_1^t \dfrac{dx}{x}$ を台形公式で近似すると大きすぎ, 中点公式で近似すると小さすぎる. $\ln 3=\displaystyle\int_1^3 \dfrac{dx}{x}>2\cdot\dfrac{1}{2}$ (中点公式)$=1$, $\ln 2.5=\displaystyle\int_1^{2.5}\dfrac{dx}{x}<\dfrac{1}{2}\left(\dfrac{1}{2}+\dfrac{2}{3}+\dfrac{1}{2}+\dfrac{1}{5}\right)=\dfrac{14}{15}<1$ (3等分して台形公式を適用; 全体一区間では不十分だが, 2等分して台形公式を適用してもよい). ゆえに $2.5<e<3$.

4. $f(x)=e^x-(1+x)$ とおくと $f(0)=0$, $f'(x)=e^x-1$ で $x=0$ が $f(x)$ の単峰極小, ゆえに $x\ne 0$ なら $f(x)>0$. なおこれから $0<x$, $x\ne 1$ なら $\ln x<x-1$ がでる.

5. 4 により $e^x\geqq x+1$, $x-1\geqq\ln x$ なので, 両者のグラフ上の点は, 互いに平行な直線 $y=x+1$, $y=x-1$ の間隔である $\sqrt{2}$ 以上離れている. 最短は点 $(0,1)$ と $(1,0)$ との間で, 距離 $\sqrt{2}$.

6. $a$ を定数として $f(x)=y(a-x)y(x)$ とおくと, $f'(x)=-y(a-x)y(x)+y(a-x)y(x)=0$ で $f(x)$ は定数, $f(0)=0$. ゆえに $0=f\left(\dfrac{a}{2}\right)=\left[y\left(\dfrac{a}{2}\right)\right]^2$. ここで $a$ は任意だから $y(x)$ はつねに 0.

7. A, B から海岸線に下ろした垂線を AH, BK とし, $\overline{AH}=a$, $\overline{BK}=b$, $\overline{HK}=c$ とおく. 海に入る点を X とし, $\overline{BX}=x$ とすると, 所要時間は $f(x)=\sqrt{a^2+(c-x)^2}+5\sqrt{b^2+x^2}$ に比例する.

$f'(x)=\dfrac{-(c-x)}{\sqrt{a^2+(c-x)^2}}+\dfrac{5x}{\sqrt{b^2+x^2}}$. これが 0 の点が $f(x)$ の単峰極小で, 最小値を与える X に相当する. $f'(x)$ の右辺の両項は, それぞれ

$-\dfrac{\overline{\mathrm{HX}}}{\mathrm{AX}} = -\sin(\angle \mathrm{AXP})$, $\dfrac{5\overline{\mathrm{KX}}}{\mathrm{BX}} = 5\sin(\angle \mathrm{BXQ})$ であり,その和が $0$ だから $\sin(\angle \mathrm{AXP}) = 5\sin(\angle \mathrm{BXP})$ となる.

### 第 7 章

**問 7.1** （ⅰ） $B$ が $A$ を整除すれば,$B$ 自体が $A, B$ 共通の約式で,次数が最大である.（ⅱ） $A, B$ の約式と $B, R$ の約式とは一致する.ゆえに最大公約式も同一である.

**問 7.2** $U = \dfrac{1}{5},\ V = \dfrac{-(x-2)}{5}$.

**問 7.3** 単純解ならば $A'(x) = B(x) + (x-a)B'(x)$, $A'(a) = B(a) \neq 0$. 逆に $A(a) = 0$ なら $A(x)$ を $x-a$ で割ると $A(x) = (x-a)B(x) + r$, $r = A(a) = 0$ であり,上と同様に $B(a) = A'(a)$. ゆえに $A'(a) \neq 0$ なら単純解である.

**問 7.4** この計算は誤りでないが,$\int \dfrac{\sin x}{\cos x}\mathrm{d}x$ を求める目的には役に立たない.$\int \dfrac{\sin x}{\cos x}\mathrm{d}x = -1 + \int \dfrac{\sin x}{\cos x}\mathrm{d}x$ は,積分定数の差であって,それ自体は正しいが,これから $\int \dfrac{\sin x}{\cos x}\mathrm{d}x$ を消去して $0 = -1$ を導くのは,早合点である.

**問 7.5** $x^2 = y$, $x = \sqrt{y}$ は $0 \leq x \leq 1$ のときは正しいが,$-1 \leq x \leq 0$ を表現していない.$-1 \leq x \leq 0$ のときは $x = -\sqrt{y}$ になる.正しくは定積分を $0$ で分けて $\int_{-1}^{0} 2x^2\,\mathrm{d}x + \int_{0}^{1} 2x^2\,\mathrm{d}x = \int_{1}^{0} \dfrac{2y}{-2\sqrt{y}}\mathrm{d}y + \int_{0}^{1} \dfrac{2y}{2\sqrt{y}}\mathrm{d}y = 2\int_{0}^{1} \sqrt{y}\,\mathrm{d}y = \dfrac{4}{3}y^{\frac{3}{2}}\Big|_{0}^{1} = \dfrac{4}{3}$ である.誤りの原因は,まとめて $x = \sqrt{y}$ としたために,第 1 項の符号が逆になり,$\dfrac{2}{3} + \dfrac{2}{3} = \dfrac{4}{3}$ が $-\dfrac{2}{3} + \dfrac{2}{3} = 0$ になったわけである.

*176　演習問題略解*

**演習問題**

1. （i）　$x^2+x+1$　　（ii）　$(x-1)^2$.
2. $(x^2+3x+6)(x-1)^3$ ——最初の $D=(x-1)^2$, $E=x^3+2x^2+3x-6$, $F=x-1$, $P_1=\dfrac{E}{F}=x^2+3x+6$. 次の段階を機械的に行うと，$D=x-1$, $E=x-1$, $F=x-1$, $P_2=\dfrac{E}{F}=1$. 3段階目では $x-1$ が無平方なので，そのまま $(x-1)^3$.
3. $A(x)=a_n(x-\alpha_1)\cdots(x-\alpha_n)$ と因数分解される．その導関数は順次 $(x-\alpha_j)$ を微分した項の和だが，$A'(\alpha_k)$ では $j\ne k$ の項は $(x-\alpha_k)$ が残って $0$ となり，$j=k$ の項のみが残って，問題文中の形になる．
4. $x_k^{(\nu)}-\alpha_k=\varepsilon_k^{(\nu)}$ がごく小さいとする．$x_k^{(\nu+1)}-\alpha_k=\varepsilon_k^{(\nu)}-(x_k^{(\nu)}-\alpha_k)\prod_{j\ne k}\dfrac{x_k^{(\nu)}-\alpha_j}{x_k^{(\nu)}-x_j^{(\nu)}}=\varepsilon_k^{(\nu)}\left[1-\prod_{j\ne k}\left(1+\dfrac{\varepsilon_j^{(\nu)}}{x_k^{(\nu)}-x_j^{(\nu)}}\right)\right]=\varepsilon_k^{(\nu)}\times\left[-\sum_{j\ne k}\dfrac{\varepsilon_j^{(\nu)}}{x_k^{(\nu)}-x_j^{(\nu)}}+\varepsilon\text{ の 2 乗以上の項}\right]$. ゆえに $|x_k^{(\nu)}-x_j^{(\nu)}|>\delta$ ならば $|\varepsilon_k^{(\nu+1)}|\leq\dfrac{1}{\delta}\cdot\varepsilon_k^{(\nu)}\cdot\sum_{j\ne k}|\varepsilon_j^{(\nu)}|$ となる．
5. （i）　$(x-1)\mathrm{e}^x$　　（ii）　$\dfrac{x^3}{3}\ln x-\dfrac{x^3}{9}$

   （iii）　$x\arctan x-\dfrac{\ln(1+x^2)}{2}$.

**第8章**

問 8.1　被積分関数が偶関数なので，積分は $\displaystyle\int\dfrac{a}{x^2+1}\mathrm{d}x+\dfrac{bx}{x^2+1}+\dfrac{cx}{(x^2+1)^2}$ と表される．微分して比較すると $\dfrac{a+b-2b}{x^2+1}+\dfrac{2b+c-4c}{(x^2+1)^2}+\dfrac{4c}{(x^2+1)^3}=\dfrac{1}{(x^2+1)^3}$ から $c=\dfrac{1}{4}$, $b=\dfrac{3}{8}$, $a=\dfrac{3}{8}$ で，その有理部分は $\dfrac{3x}{8(x^2+1)}+\dfrac{x}{4(x^2+1)^2}$. —— $\dfrac{3}{8}\arctan x$ を加えて全体となる．

問 8.2　（i）　$\dfrac{1}{12}\ln\left|\dfrac{x-2}{x+2}\right|+\dfrac{1}{6}\ln\left|\dfrac{x+1}{x-1}\right|$（分母は $(x+2)(x-2)(x$

演習問題略解　*177*

$+1)(x-1))$　（ ii ）$\dfrac{1}{6}\ln\dfrac{(x-1)^2}{x^2+x+1}-\dfrac{1}{\sqrt{3}}\arctan\dfrac{2x+1}{\sqrt{3}}$

（iii）$\dfrac{1}{4}\ln\dfrac{x^2-x+1}{x^2+x+1}+\dfrac{1}{2\sqrt{3}}\Big(\arctan\dfrac{2x+1}{\sqrt{3}}+\arctan\dfrac{2x-1}{\sqrt{3}}\Big)$——最後の項は tan の加法定理によって $\dfrac{1}{2\sqrt{3}}\arctan\dfrac{\sqrt{3}x}{4(1-x^2)}$ とまとめられる.

問 8.3 （ i ）$\dfrac{3}{4}(1+x)^{\frac{4}{3}}$　（ ii ）$\sqrt{\dfrac{1+x}{1-x}}=y$ とおくと $\displaystyle\int\dfrac{4y^2}{(y^2+1)^2}dy$
$=\dfrac{-2y}{y^2+1}+2\arctan y=-\sqrt{1-x^2}-2\arctan\sqrt{\dfrac{1+x}{1-x}}$ となる. 末尾の項は定数の差を無視すると $+\arcsin x$ としてもよい. 実際には $\displaystyle\int\dfrac{1+x}{\sqrt{1-x^2}}dx=\arcsin x-\sqrt{1-x^2}$ と変形する方が速い.

問 8.4　$\sqrt{x^2-1}-x=y$ とおくと $x=\dfrac{-(1+y^2)}{2y}$ となる. 積分は $-\dfrac{1}{4}\displaystyle\int\dfrac{(y^2-1)^2}{y^3}dy=-\dfrac{y^2}{8}+\dfrac{1}{8y^2}+\dfrac{1}{2}\ln|y|$. $\dfrac{1}{y}=-(\sqrt{x^2-1}+x)$ に注意すると $\dfrac{1}{2}x\sqrt{x^2-1}+\dfrac{1}{2}\ln|x-\sqrt{x^2-1}|$.

問 8.5 （ i ）$(x-2)e^x$　（ ii ）$\dfrac{x^4}{4}\ln x-\dfrac{x^4}{16}$.

問 8.6　$\displaystyle\int\dfrac{2}{1-t^2}dt=\int\dfrac{dt}{1-t}+\int\dfrac{dt}{1+t}=\ln\left|\dfrac{1+t}{1-t}\right|=\ln\left|\dfrac{1+\tan\dfrac{x}{2}}{1-\tan\dfrac{x}{2}}\right|$.

問 8.7 （ i ）$\dfrac{\sin^2 x}{2}$, 積分定数の差を無視すれば, $\dfrac{-\cos^2 x}{2}$ あるいは $-\dfrac{1}{4}(\cos^2 x-\sin^2 x)=\dfrac{-\cos 2x}{4}$ でもよい.

（ ii ）$\ln|\tan x|$　（iii）$\dfrac{-\cos x}{\sin x}=\dfrac{-1}{\tan x}$.

問 8.8　$I_{0,2}=\dfrac{1}{2}(\sin x\cdot\cos x+x)$,　$I_{0,-2}=\tan x$,　$I_{-2,1}=\dfrac{-1}{\sin x}$.

問 8.9 （ｉ） $B(2,2)=\dfrac{1}{6}$  （ii） $\dfrac{1}{2}B\left(\dfrac{1}{2},\dfrac{1}{2}\right)=\dfrac{\pi}{2}$.

**演習問題**

1. （ｉ） $\dfrac{1}{8}\ln|x-1|+\dfrac{1}{4}\ln|x+1|-\dfrac{3}{8}\ln|x+3|$

（ii） $\dfrac{1}{20(x-1)}-\dfrac{1}{20(x-1)^2}+\dfrac{3}{200}\ln|x-1|-\dfrac{3}{400}\ln(x^2+3x+6)$
$+\dfrac{1}{40\sqrt{15}}\arctan\dfrac{2x+3}{\sqrt{15}}$  （iii） $\dfrac{1}{2\sqrt{2}}\ln\dfrac{1+\sqrt{2}x+x^2}{1-\sqrt{2}x+x^2}+\dfrac{1}{\sqrt{2}}\arctan(\sqrt{2}x+1)+\dfrac{1}{\sqrt{2}}\arctan(\sqrt{2}x-1)$. この最後の2項は $\dfrac{1}{\sqrt{2}}\arctan\dfrac{\sqrt{2}x}{1-x^2}$ とまとめられる．  （iv） $\ln(x+\sqrt{x^2-1})$  （ｖ） $\dfrac{1}{2}x\sqrt{1-x^2}+\dfrac{1}{2}\times\arcsin x$  （vi） $\tan x-x$  （vii） $x\ln(x^2+1)+2x-\arctan x$.

2. （ｉ） $B\left(\dfrac{3}{2},\dfrac{3}{2}\right)=\dfrac{\pi}{8}$  （ii） $\dfrac{1}{2}B\left(\dfrac{1}{2},\dfrac{3}{2}\right)=\dfrac{\pi}{4}$  （iii） $\dfrac{\pi}{4}$
（iv） $e^2+1$  （ｖ） $-1$  （$x\to 0$ のとき $x\ln x\to 0$ である．これは $t\to+\infty$ のとき $\dfrac{e^t}{t}\to+\infty$ と同値であり，たとえば $t>0$ で $e^t>1+t+\dfrac{t^2}{2}$ という不等式から証明できる.)

3. いまひとつの交点 $(x,y)$ は，$(x,y)$ と $(x_0,y_0)$ が2次曲線上にあるという式の差として $a(x+x_0)(x-x_0)+b[(x-x_0)y_0+x(y-y_0)]+c(y+y_0)(y-y_0)+d(x-x_0)+e(y-y_0)=0$ をみたす．$y-y_0=t(x-x_0)$ を代入し，$x\neq x_0$ とすると $a(x+x_0)+b(y_0+xt)+ct(y+y_0)+d+et=0$ となり，これと直線の方程式とを連立させて解くと

$$x=\dfrac{-(ax_0+by_0-ct^2x_0+2cty_0+d+et)}{a+bt+ct^2},$$
$$y=-\dfrac{-ay_0+2ax_0t+bx_0t^2+ct^2y_0+dt+et^2}{a+bt+ct^2}$$

となる．この式は除外点でも正しく，確かに $t$ の有理関数である．

4. 円の中心をＯ，正の $x$ 軸をＸ，点 $(-1,0)$ をＡ，動点 $(x,y)=(\cos\theta,\sin\theta)$ をＰとすると，$\angle\text{POX}=\theta$，$\angle\text{PAX}=\dfrac{\theta}{2}$ で，$t=\tan\dfrac{\theta}{2}$

は直線 PA の傾斜である．円 $x^2+y^2=1$ は 2 次曲線であり，$t$ で $x=\cos\theta$, $y=\sin\theta$ が有理化できるのは，前題の特別な場合である．

**5.** 初等関数になったとして $P(x)\exp(-x^2)$ とおくと，微分して比較して $P'(x)-2xP(x)=1$．しかし $P=x^k$ に対し微分は $kx^{k-1}$, $-2xP$ は $-2x^{k+1}$ で次数が合わないから，$P$ の最高次の項を考えると矛盾になる．このような多項式がないので，初等関数でない．

**6.** (i) $x^2=u$ とすると $\frac{1}{2}B\left(\frac{1}{2},\frac{3}{2}\right)=\frac{\pi}{4}$. (ii) $x^2=u$ として $\sqrt{\frac{1-u}{u}}=t$ と置き換えると $\frac{\pi}{4}=\frac{1}{2}\int_0^1\sqrt{\frac{1-u}{u}}du=\int_0^\infty\frac{t^2}{(t^2+1)^2}dt=\frac{-t}{2(t^2+1)}\Big|_0^\infty+\frac{1}{2}\int_0^\infty\frac{1}{t^2+1}dt$ (部分積分) $=\frac{1}{2}\int_0^\infty\frac{dt}{t^2+1}$. これを $\int_0^1+\int_1^\infty$ と分け，後者で $\frac{1}{t}=s$ と置き換えると $\int_1^\infty\frac{dt}{t^2+1}=\int_1^0\frac{-ds}{\left[\frac{1}{s^2}+1\right]s^2}=\int_0^1\frac{ds}{s^2+1}$. ゆえにこの右辺は $\int_0^1\frac{dt}{t^2+1}$ に等しく，総計して $\frac{\pi}{4}=\int_0^1\frac{dt}{1+t^2}$ を得る．

## 索　引

### ア

いたるところ微分できない連続関数　21
1次分数関数　92
一般の指数関数　108
一般の累乗　118
因子　122
因数分解の算法　131
上の積和　31
ウォリスの公式　165
エウドクソス・アルキメデスの公理　8
エルミートの算法　138
オイラーの積分　158

### カ

過剰和　31
加速度　58
カバリエリの原理　12
加法性　4
　区間に対する——　33
関数　18, 77, 78
擬除法　123
基本定理（微分積分学の）　44

——（方程式論の）　128
逆関数　88, 89
逆三角関数　105
逆写像　88
逆数　56
逆正弦関数　106
逆正接関数　107
逆微分　45, 133
狭義の単調増加　88
極限値　18
——（三角関数の）　99
極小　48
　真の——　48
極小値　48
曲線の長さ　102
極大　48
　真の——　48
極大値　48
極値問題　47
区間に対する加法性　33
屈折の法則　120
区分求積法　12
グラフ　80
係数　121
原始関数　41

索　引

減速度　58
原理(カバリエリの)　12
公式
　　ウォリスの——　165
　　スターリングの——　162
合成関数　85
公約式　123
公理(エウドクソス・アルキメデスの)　8
互除法　124
弧度法　97

サ

最小　50
最大　50
最大公約式　123
最大幅　30
細分　31
差分商　18
三角関数　96
　　——の極限値　99
　　——の微分　101
3乗収束　56
算法　79
　　因数分解の——　131
　　エルミートの——　138
　　無平方分解の——　130
　　リッシュの——　156
式　79
次数　121
指数関数　111, 113
　　一般の——　108
自然対数　115
　　——の底数　113
下の積和　31
実数の連続性　8, 54, 111
しぼり出し法　7
写像　88
主値　106
瞬間的速度　17
商　122
　　——の微分　83, 84
乗積の記号　136
剰余　122
除式　122
初等超越関数　151
真の極小　48
真の極大　48
数表　81
スターリングの公式　162
整除する　122
積の微分　81, 117
積分　30, 44, 138
　　——(オイラーの)　158
積分可能　32
積分する　45
積分定数　44
積和(上の，下の)　31
接線　23, 53
素(互いに)　123
速度　58

## タ

台形公式　7, 67, 163
対数関数　115
対数積分　136
対数微分法　117
対数部分　138, 142
体積　69
第2階導関数　58
互いに素　123
高木関数　21
多項式　121
　——の除法　121
多項式代数　126
単調増加　35
　狭義の——　88
単峰極小　50
単峰極大　50
単葉　88
置換積分法　135
中点公式　67
超高速鉄道　59
底数（自然対数の）　113
定積分　31, 157
デュラン・ケルナー法　137
導関数　23
等比級数　24
凸関数　64
とりつくしの法　7

## ナ

長さ（曲線の）　102
2乗収束　55
ニュートン法　52
ニュートン・ラフソン法　52
ネピアの数　113

## ハ

倍式　122
被除式　122
被積分関数　30
微分　18
　商の——　83, 84
　積の——　81, 117
微分可能　19
微分係数　19
微分する　24
微分積分学の基本定理　44
不足和　31
不定積分　44
部分積分法　134
分割　30
平均変化量　18
平方根　54
平方根関数　27
ベータ関数　159
方程式論の基本定理　128

## マ

まんじゅう等分問題　70

# 索引

無平方　128
無平方分解　129
　——の算法　130
無理関数　146
面積　4, 32, 63

## ヤ

約式　122
有限増分の定理　39
有理化　146
有理化変数　146, 150, 152
有理関数　138
有理部分　138

## ラ

落体の運動　16
ラジアン　97
離散変数近似　81
リッシュの算法　156
立方根　55
リプシッツ条件　34
累乗(一般の)　118
連続性　90
　実数の——　8, 54, 111

## ワ

割り切れる　122

## 著者略歴

**一 松　　信**（ひとつまつ　しん）

1947年　東京帝国大学理学部数学科卒業
1952年　立教大学理学部助教授
1955年　東京大学理学部助教授
1962年　立教大学理学部教授
1969年　京都大学数理解析研究所教授を経て
1989年　京都大学名誉教授
　　　　（理学博士）

**主要著訳書**
岩波数学公式Ⅰ, Ⅱ, Ⅲ(共著, 岩波書店)
解析学序説(新版)上, 下(裳華房)
数値解析(朝倉書店)
数学人群像(監訳, 近代科学社)
微分積分学入門第二課(近代科学社)
微分積分学入門第三課(近代科学社)
微分積分学入門第四課(近代科学社)
代数学入門第一課(近代科学社)
代数学入門第二課(近代科学社)
代数学入門第三課(近代科学社)
その他, 多数

新装版
微分積分学入門第一課

ⓒ 2016　一松　信

1989 年 9 月 10 日　初　版　発　行
2003 年 3 月 30 日　初版第12刷発行
2016 年 5 月 31 日　新装版初版発行

著　者　　一　松　　　信

発行者　　小　山　　　透

発行所　　株式会社　近代科学社

〒162-0843　東京都新宿区市谷田町2-7-15
電話 03-3260-6161　　振替 00160-5-7625

藤原印刷　　　　ISBN 978-4-7649-0512-2

定価はカバーに表示してあります.